通訊電子學

袁敏事　編著

U0068925

全華圖書股份有限公司

國家圖書館出版品預行編目資料

通訊電子學 / 袁敏事編著. -- 二版. -- 臺北縣土
　城市：全華圖書, 2008.11
　　面　；　公分

　ISBN 978-957-21-6895-0(平裝)

　1. CST: 通訊工程　2. CST: 電路
448.7　　　　　　　　　　　　　97020104

通訊電子學(第二版)

作者 / 袁敏事

發行人 / 陳本源

執行編輯 / 吳宜璇

出版者 / 全華圖書股份有限公司

郵政帳號 / 0100836-1 號

印刷者 / 宏懋打字印刷股份有限公司

圖書編號 / 0533001

二版一刷 / 2008 年 11 月

定價 / 新台幣 320 元

ISBN / 978-957-21-6895-0(平裝)

全華圖書 / www.chwa.com.tw

全華網路書店 Open Tech / www.opentech.com.tw

若您對本書有任何問題，歡迎來信指導 book@chwa.com.tw

臺北總公司(北區營業處)
地址：23671 新北市土城區忠義路 21 號
電話：(02) 2262-5666
傳真：(02) 6637-3695、6637-3696

南區營業處
地址：80769 高雄市三民區應安街 12 號
電話：(07) 381-1377
傳真：(07) 862-5562

中區營業處
地址：40256 臺中市南區樹義一巷 26 號
電話：(04) 2261-8485
傳真：(04) 3600-9806(高中職)
　　　(04) 3601-8600(大專)

版權所有·翻印必究

序言

　　二十一世紀進入通訊及網路的時代，通訊電子科技產業列入國家重大型投資計劃，國內外產業界無不全力開發各式的通訊電子產品，如 GSM、CDMA2000、WCDMA 行動手機、ADSL 數據機、無線區域網路 WLAN、全球定位系統 GPS；並與電腦及家電產業整合下，推出各式各樣的資訊家電(Information Appliance；IA)，甚至無線個人網路(Personal Area Network；PAN)。這些產品都直接用到通訊電子技術。此外，隨之帶動 IC 設計、製程及封裝產業的發展。因此，國內的廠商極需通訊電子技術人才，用來提高競爭力，於是為了配合產業界之需求，國內的各大專院校陸續開了通訊系統、通訊電子學的課程。

　　作者針對通訊理論及實務並重的原則下，對各種觀念做詳盡的介紹外，並著重實例電路的分析與設計，使讀者具備修正理論及實務間之差異，藉此希望能做為產業界同仁產品設計之參考，以及大專院校電子相關科系之教學用書。

　　本書共分為七章，第一章是通訊系統概論，說明通訊發展史、電磁頻譜、頻率與波長之關係及通訊系統之架構。第二章是信號與電子電路，使讀者了解信號與系統間之關係及一些重要的電子電路的設計與分析。

　　第三章是傅利葉轉換及應用，說明傅利葉級數、轉換及奇特函數、迴旋積分等，如何在通訊系統中做信號的處理及分析。第四章是振幅調變，說明振幅調變的工作原理及 AM 發射機及接收機電路的運作情形。

第五章是頻率調變，說明頻率調變的工作原理及 FM 發射機及接收機電路的運作情形，還有介紹 FM 及 AM 的應用。

　　第六章是脈波調變，說明取樣理論、PAM、PPM、PWM 及 PCM 的工作原理及有關的電路分析與設計，第七章是數位調變，內容有資訊之量測及傳輸速度、頻道容量、數位調變系統及其比較。

　　在編著的過程中，雖已仔細編撰，但難免有疏漏的發生，請多多指教。在此感謝全華科技圖書公司的陳本源先生及編輯部盧小怡小姐、楊素華小姐的鼎力相助，才能讓本書順利完成。另外在編寫過程中，對於本書內容的規劃時，幸有中華技術學院航空電子系及電子系同仁的指導，所以在此特表感謝。最後，更要感謝家人在精神上的支持及鼓勵。

袁敏事　謹識

完稿於　南港

編輯部序

　　「系統編輯」是我們的編輯方針，我們所提供給您的，絕不只是一本書，而是關於這門學問的所有知識，它們由淺入深，循序漸進。

　　本書內容針對通訊理論及實務對各種觀念做詳盡的介紹，並著重實例電路的分析與設計，使讀者具備修正理論及實務間之差異。內容則包含信號與電子電路、傅利葉轉換及應用、振幅調變、頻率調變、脈波調變及數位調變等，且於每章節均附有習題，使讀者可課後複習。本書適用於科大電子、電機系「通訊系統」、「通訊電子學」之課程使用。

　　同時，為了使您能有系統且循序漸進研習相關方面的叢書，我們以流程圖方式，列出各有關圖書的閱讀順序，以減少您研習此門學問的摸索時間，並能對這門學問有完整的知識。若您在這方面有任何問題，歡迎來函連繫，我們將竭誠為您服務。

相關叢書介紹

書號：0610002
書名：數位通訊系統演進之理論與應
　　　用－2G/3G/4G/5G(第三版)
編著：程懷遠.程子陽
20K/312 頁/380 元

書號：1037601
書名：智慧型行動電話原理應用與實
　　　務設計(第二版)
編著：賴柏洲.林修聖.陳清霖.呂志輝
　　　陳藝來.賴俊年
20K/384 頁/350 元

書號：10392
書名：VoIP 網路電話進階實務與應用
編著：賴柏洲.陳清霖.林修聖.呂志輝
　　　陳藝來.賴俊年
16K/240 頁/400 元

書號：06116
書名：車載資通訊實驗－通訊協定與
　　　管理
編著：竇其仁.陳俊良.紀光輝.江為國
　　　潘仁義.陳裕賢.張志勇.陳宗禧
　　　楊中平.黃崇明
16K/432 頁/450 元

書號：06064
書名：射頻技術與行動通訊
編著：高曜煌
16K/368 頁/450 元

書號：0597801
書名：無線通訊射頻晶片模組設計－
　　　射頻系統篇(修訂版)
編著：張盛富.張嘉展
20K/304 頁/410 元

書號：0597901
書名：無線通訊射頻晶片模組設
　　　計－射頻晶片篇(第二版)
編著：張盛富.張嘉展
20K/360 頁/450 元

◎上列書價若有變動，請
　以最新定價為準。

流程圖

書號：0312402/0312502
書名：電子學(上)/(下)
　　　(修訂二版)(第三版)
編著：黃俊達.吳昌崙

書號：06300007/06301007
書名：電子學(基礎篇)/(進階篇)
　　　(附線上題解光碟)
英譯：楊棧雲.蔡振凱.劉堂仁

書號：06088027
書名：訊號與系統(第三版)
　　　(附部分內容光碟)
編著：王小川

書號：06138
書名：通訊系統(第五版)
　　　(國際版)
英譯：翁萬德.江松茶
　　　翁健二

書號：0533002
書名：通訊電子學(第三版)
編著：袁敏事

書號：0333403
書名：通訊原理(第四版)
編著：藍國桐.姚瑞祺

書號：10398
書名：通訊系統模擬：
　　　System Vue 使用入門
編著：錢膺仁.王勝賢

書號：0610002
書名：數位通訊系統演進之
　　　理論與應用－
　　　2G/3G/4G/5G(第三版)
編著：程懷遠.程子陽

書號：0516903
書名：通信電子技術與實習
　　　(第四版)
編著：育英科技有限公司
　　　何滿龍(校閱)

目 錄

7 章　數位調變 7-1

附　錄

Communication Electronics

Chapter 1

通訊系統概論

1.1　通訊發展史

通訊(communication)是將訊息由某地(或某人)傳遞給某地(另一人)的過程。自人類存在以來，在生存鬥爭中總是要進行思想交流和訊息傳遞。遠古時代的人類用表情和動作進行訊息交換，這是人類最原始的通訊。在漫長的生活鬥爭中，人類創造了語言和文字，進而用語言和文字(書信)進行訊息的傳遞。這種通訊方式一直保留到今天。

在電訊號出現之前，人們還創造了許多種消息傳遞的方式：如古代的烽火台、擊鼓、旌旗，航行用的訊號燈等等。這些方式，可以在較近的距離之間及時地完成訊息的傳遞。

大約從1800年起，伏特(Volta)、奧斯特(Orsted)、安培(Ampere)、法拉第(Farady)、亨利(Henry)等完成電學與磁學實驗後，人們就試圖用電訊號進行通訊。在 1837 年，莫爾斯(Morse)第一個發明了電訊號的通訊——有線電報通訊。通訊是利用導線中電流的有、無來區別傳號和空號，並利用傳號和空號的長短進行電報符號的編碼，這給遠距離的訊息傳遞揭開了嶄新的一頁。當 1864 年馬克斯威爾(Maxwell)預言了電磁波輻射的存在後，1876 年貝爾(A.G. Bell)利用電磁感應原理發明了電話機。從而可以直接利用導線上電流的強弱來傳送語音訊號，使通訊技術的發展又進一步。這種有線電通訊方式一直保留到現在，但這種有線傳送訊息的系統要花費很大的代價建造線路，甚至在有些情況下(如隔海洋)是難以實現的。

1887 年赫茲(Hertz)經由實驗證實電磁波輻射的存在後，這為現代的無線電通訊提供了理論根據。無線電波可在大氣介質中傳播，不需要價格昂貴的有線線路投資及不受地形地物阻擋之影響。這一理論的創立大大推動了通訊系統的發展。

持續發展中，人們發現正弦波易於產生及控制，所以在 20 世紀初期就出現了用代表訊息的訊號去控制高頻正弦波振幅的調變方式。這就是最早出現的振幅調變——AM 調變。它的出現使通訊打開了新局面，它不僅可以傳送語音、電報，還可以傳送音樂等。這種 AM 通訊方式使點對點通訊發展到點對面的通訊(如廣播)。它促進了人類社會文化交流、宣傳教育的發展，深刻地影響著人們的生活。

振幅調變訊號容易受到雜訊干擾，使訊號失真。影響傳訊送訊號品質。1936 年，發明了抗干擾能力比 AM 調變強的調頻技術(FM)，這是用代表訊息的訊號去控制高頻正弦波頻率的調變方式——FM 調變，不僅提高了抗干擾能力，而且推動了行動通訊的發展。AM 和 FM 制的應用標誌著上世紀 90 年代初期是世界上類比通訊的興旺時期。

自從 1928 年尼奎斯特(Nyquist)定理提出到 1937 年瑞維斯(A.H. Reeves)發明了 PCM(脈衝編碼調變)通訊，使通訊技術由分頻調變(FDM)

發展到分時多工調變(TDM)，由類比通發展到數位通訊。數位通訊是將類比訊號數位化以後傳送，進一步提高了抗干擾能力。但由於元件的限制，當時未能實現，直到電晶體出現後，1950 年貝爾實驗室才造出了第一台實用的 PCM 設備。新元件的出現對通訊系統及技術引起很大的推動作用。

　　數位通訊不僅能使人和人之間互相通訊，並且能完成人與機器、機器與機器之間的通訊和資料交換，爲現代通訊網路奠定了良好的基礎。

　　隨著通訊容量的增加和通訊範圍的擴大，1955 年皮爾斯(Pirece)提出衛星通訊的設想。在 1962 年發射了人類歷史上第一顆通訊星電星號(telstarl)開啓了衛星通訊的紀元。詳細的通訊發展過程如表 1.1 所示。

表 1.1　通訊發展史

前後區間	時間	發展過程
約 100 年	1800 年到 1900 年	1. 伏特(Volta)、奧斯特(Orsted)、安培(Ampere)、法拉第(Faraday)、亨利(Henry)等之電學、磁學實驗及歐姆(Ohm)定律。 2. 摩爾斯(Morse)展示電報傳送。 3. 克希荷夫(Kirchhoff)發現電流電壓定律。 4. 馬克士威爾(Maxwell)發現電磁輻射現象。 5. 貝爾(Bell)發明電話機。 6. 赫芝(Hertz)證明馬克士威爾理論。 7. 馬可尼(Marconi)發明無線電報系統。
約 40 年	1900 年到 1940 年	1. 佛萊明(Fleming)發明二極管。 2. 迪佛雷斯特(DeForest)發明三極管放大器。 3. 貝爾系統完成跨洲電話機。 4. 阿姆斯狀(Armstrong)發明超外差無線電接收機。 5. 卡爾遜(Carson)用取樣理論於通訊。 6. 利夫斯(Reeves)提出脈波編碼調變(PCM)觀念。 7. 電視廣播開始。

表 1.1　通訊發展史(續)

前後區間	時間	發展過程
約 20 年	1940 年到 1960 年	1. 艾克特(Eckert)和馬克利(Marchly)發明第一部真空管電腦。 2. 布拉坦(Brattain)和巴登(Barden)發明電晶體，促進數位通訊之利用。 3. 皮爾斯(Pierce)提出衛星通訊理論。 4. 諾伊斯(Noyce)發明 IC，奠定 VLSI 之發展。 5. 雷射(LASER)之發明。
約 20 年	1960 年到 1980 年	1. 麥曼(Maiman)展示第一具雷射積體電路(IC)進入量產。 2. 電星一號(Telstar I)開啟了衛星通訊的紀元。 3. 高速數位通訊誕生如數據傳輸商用服務，PCM 應用於語言及電視傳輸，錯誤更正碼及適應等化器突破等。 4. 甘恩(Gunn)等完成固態微波振盪器。 5. 全電子電話交換系統開始使用。 6. 水手四號從火星傳送圖像回地球、積體電話、數位訊號處理及彩色電視。 7. 大型積體電路、通訊電路積體化、洲際電腦網路、低損失光纖、分封式交換數位系統。 8. 蘋果二號個人電腦之發明、PC 之快速普遍。
約 20 年	1980 年到 2000 年	1. IBM PC 及相容性電腦之發明，由 286 到目前以 P6 為主，P7 普及要 21 世紀才能完成。 2. 數據機(modem)、調變解調器之普及。 3. 電子佈告欄(BBS)之應用。 4. 電子郵件(E-mail)之應用。 5. Inernet、Hinet、Seednet 之普及。 6. 類比式行動電話(AMPS)。 7. 泛歐式行動電話(GSM)。 8. ISDN 初步之應用。 9. 人造衛星可由太空梭發射。 10. 海底光纖網路之埋設。 11. 電信局交換機全面數位化。 12. 區域網路(LAN)之應用。 13. 全球定位系統(GPS)之應用。

表 1.1　通訊發展史(續)

前後區間	時間	發展過程
21 世紀	2000 年到美好之未來	1. 藍芽(Bluetooth)、無線通訊網路(WLAN)之應用。 2. 第三代行動通訊CDMA2000及WCDMA之普及。

　　若以電訊號的方式並藉著大眾電話網路而達成的通訊方式，即可稱為電信(telecommunication)。我們很難想像沒有可靠、經濟又有效的通訊，員工的現代生活會是什麼樣子。電話、電視、收音機、網路、傳真機及手機等都是每天常見的通訊範例，而更複雜的通訊系統在今日不僅為商業、工業及大眾傳播所需要，更是國家福祉與國防建設的根本。

1.2　電磁頻譜及縮寫

　　電磁波是那些能振盪的信號，亦就是電場及磁場的振幅隨著正弦波變化，其頻率是以每秒週數(Cycles Per Second；CPS)或赫芝(Hertz；Hz)表示。它們的振盪可能在很低的頻率，或是在非常高的頻率，電磁信號涵蓋的頻率範圍稱之為電磁頻譜(electromanetic spectrum)，如表 1.2 所示。

　　表 1.2 中亦說明了傳輸介質、形式及應用範圍，300 kHz 以下以導線對為傳輸介質，300 kHz 以上至 2 GHz 左右以同軸電纜為介質，微波範圍 3 GHz 至 300 GHz 以導波管為介質，可見光以上則以光纖為介質。

　　一般商用調幅(AM)廣播電台頻譜範圍在 530 kHz～1600 kHz，調頻(FM)廣播電台在 88 MHz 至 108 MHz 間。泛歐行動通訊(Global System for Mobile Communication；GSM)頻率範圍是 890 MHz～960

MHz，數位通訊系統(Digital Communication System；DCS)頻率範圍是1710～1880 MHz，個人通訊系統(Personal Communication System；PCS)頻率範圍是 1850～1990 MHz，全球行動電信系統(Universal Mobile Telecommunication System；UMTS)頻率範圍1920～2170 MHz。

表 1.2 電磁頻譜及其介質和應用

波長	波長命名	傳輸介質	傳播形式	代表性應用	頻率
	紫外光	光纖	雷射光束	實驗的寬頻帶數據	
10^{-6} m	可見光				
	紅外光				
10^{-3} m					300 GHz
	至高頻 (EHF)			實驗的 航海	
1 cm	極高頻 (SHF)	波導管		衛星-衛星 微波繼電器	30 GHz
10 cm	超高頻 (UHF)		無線電	地球衛星 雷達	3 GHz
1 m	特高頻 (VHF)			超高頻電視 移動航空	300 MHz
				特高頻電視及調頻 移動無線電	
10 m	高頻 (HF)	同軸電纜	無線電	CB 無線電 商業	30 MHz
100 m	中頻 (MF)			業餘無線電 國際 國內	3 MHz
1 km	低頻 (LF)		無線電	調幅廣播 航空	300 kHz
10 km	特低頻 (VLF)	導線對		海底電纜 航海 越洋無線電	30 kHz
100 km	聲頻			電話電報	3 kHz

微波範圍中還有以頻段分類的，在國防上較常使用，如表 1.3 所示。

表 1.3　頻段(band)之分類

波段	頻率之範圍(GHz)
L	1～2
S	2～4
C	4～8
X	8～12.5
Ku	12.5～18
K	18～26.5
Ka	26.5～40

例如：全球定位系統(Globe Positioing System；GPS)是使用 L 頻段，
衛星通訊使用 C 頻段，雷達使用 S、C、X、Ku、K、Ka 等頻段。
至於電磁頻譜之縮寫及頻率單位以表 1.4 表示。

表 1.4　電磁頻譜之縮寫及頻率單位

Name	Frequency	Wavelength
至低頻 (ELF)	30 − 300 Hz	$10^7 - 10^6$ m
聲頻 (VF)	300 − 3000 Hz	$10^6 - 10^5$ m
特低頻 (VLF)	3 − 30 kHz	$10^5 - 10^4$ m
低頻 (LF)	30 − 300 kHz	$10^4 - 10^3$ m
中頻 (MF)	300 kHz − 3 MHz	$10^3 - 10^2$ m
高頻 (HF)	3 − 30 MHz	$10^2 - 10^1$ m
特高頻 (VHF)	30 − 300 MHz	$10^1 - 1$ m

表 1.4 電磁頻譜之縮寫及頻率單位(續)

Name	Frequency	Wavelength
超高頻 (UHF)	300 MHz — 3 GHz	$1 - 10^{-1}$ m
極高頻 (SHF)	3 — 30 GHz	$10^{-1} - 10^{-2}$ m
至高頻 (EHF)	30 — 300 GHz	$10^{-2} - 10^{-3}$ m
紅外光	—	$0.7 - 10 \mu m$
可見光 (light)	—	$0.4 \times 10^{-6} - 0.8 \times 10^{-6}$ m

量測單位及縮寫：

kHz = 1000 Hz

MHz = 1000 kHz = 1×10^6 = 1,000,000 Hz

GHz = 1000 MHz = 1×10^9 = 1,000,000 kHz

= 1,000,000,000 Hz

m = meter

μm = micron = $\dfrac{1}{1,000,000}$ m = 1×10^{-6} m

1.3 頻率與波長

頻率(frequency)是一個週期信號在一秒內有多少個週(cycles)發生，通常以符號 f 表示。圖 1.1(a)顯示一個正弦波電壓的變化。一個正半週及一個負半週形成一個週。若一秒內有 2500 週，則頻率是 2500 Hz。最常用的頻率表示法是

K = kilo = 10^3

M = mega = 10^6

G = giga = 10^9

T = tera = 10^{12}

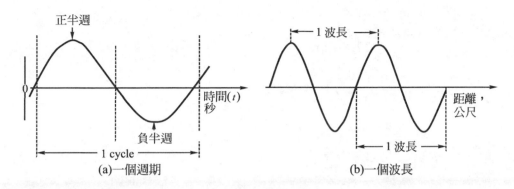

正半週

1 波長

0

時間(*t*)
秒

負半週

距離，
公尺

1 cycle

(a)一個週期

1 波長

(b)一個波長

圖 1.1　頻率與波長

　　當頻率是 9,000,000 Hz 時，通常是以 9 MHz 表示，若一個信號的頻率是 15,700,000,000 Hz 時，將以 15.7 GHz 表示。

　　波長(wavelength)是一個週期信號一個週內所佔的距離，通常以米(meter；m)表示，相當於 39.37 吋(in)。波長的長度是量測二個連續週的兩個對等點，如圖 1.1(b)所示。

　　波長通常以希臘字母 λ 表示，可以由頻率除光速而得出，若頻率以 MHz 表示，則波長 $\lambda = 300/f$。當信號的頻率是 4 MHz，則波長 $\lambda = 300/4 = 75$ m。

例 1.1　計算下列頻率之波長　(a)150 MHz　(b)8 MHz　(c)750 kHz

解　(a)波長 $\lambda = \dfrac{300}{150} = 2$ m

(b)波長 $\lambda = \dfrac{300}{8} = 37.5$ m

(c)波長 $\lambda = \dfrac{300}{0.75} = 400$ m

例 1.2　一個信號在一個完整的週內行走的距離是 75 ft，其頻率是多少？

解　1 m ≒ 3.28 ft

$$\frac{75 \text{ ft}}{3.28} = 22.86 \text{ m}$$

$$f = \frac{300}{22.86} = 13.12 \text{ MHz}$$

1.4　通訊系統簡介

　　一個典型的通訊系統含有輸入轉換器(transducer)、發射機(transmitter)、頻道(channel)、接收機(receiver)及輸出轉換器等各部份，如圖 1.2 所示，即為通訊系統的基本方塊圖。

　　我們將對圖 1.2 中各部份的作用詳加討論：

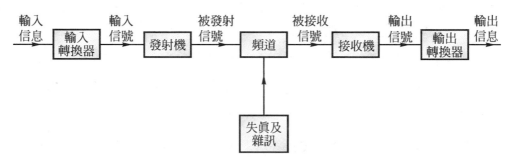

圖 1.2　通訊系統基本方塊圖

輸入轉換器

　　不論信息的來源是如何、變化是如何，我們可將信息分成類比及數位兩大類。類比信息是連續隨時間變化的波形，例如：壓力、溫度、語音及音樂；數位信息是分離(discrete)的符號，例如：數據、計算機使用的鍵盤。所有這些輸入的信息，必須經由輸入轉換器成為另一種特殊型式，以配合特殊型式的通訊系統。例如：在電的通訊系統中，語音波形

經由麥克風轉換成為電壓的變化,這樣被轉換的信息被稱為信息信號
(message signal)或基頻帶(baseband)信號。因此本書中所稱的信號是隨
時間變化的電壓或電流。

發射機

　　發射機的目的是使信息能耦合至頻道中,通常都須經過調變過程,
也就是利用信息信號來調變一個較高頻率的載波(carrier)使其適合在波
道中傳輸,例如改變載波的振幅、相位及頻率,如圖 1.3 所示之載波、
信息信號、振幅調變及頻率調變等波形。

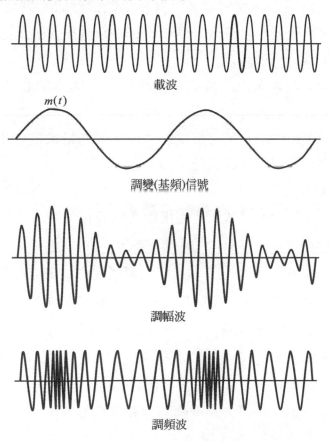

圖 1.3　載波、基頻帶信號、振幅調變及頻率調變等波形

我們已知道調變可幫助信息適合在給予的頻道中傳輸，另外需要調變的一些重要理由詳述如下：

1. 易於輻射

為了能有效地使電磁能量輻射，輻射天線的尺寸大小將是輻射信號波長的十分之一或再多一點。有許多信息的波長太大，以致無法做出合理的天線。例如：語音的功率是集中在頻率100 Hz到3000 Hz的範圍內，其波長則為100 km至3000 km，這樣長的波長，需做出很大的天線，這是不切實際的。於是我們使信息信號來調變一高頻率載波，轉移信號的頻譜到載波頻率的區域中，使其有較小之波長。例如：1 MHz載波的波長為300公尺，所需天線的長度是30公尺。

因此我們可說調變就像是讓信息信號搭乘高頻率載波的便車。載波與信息信號的關係能以石頭與紙張來比較，假如我們想投擲一張紙張，它不可能飛的太遠，但將紙張緊包住石頭(載波)後，必能投擲較遠的距離。

2. 同時傳送數個信號

假使數個無線電電臺直接地廣播聲音的信息信號，此時由於這些信息信號佔有類似的頻寬，它們之間可能會互相干擾(inter-ference)。為了避免這干擾，一次只能允許一個無線電電台廣播，如此一來，浪費了頻道的頻寬，通常頻道的頻寬均遠大於信號的頻寬。要解決這問題，只有用調變。我們能用數個音頻信號來調變不同頻率的載波，也就是轉移每一信號到不同的頻率範圍中。如果各個載波的頻率間距選擇的足夠大時，則已調變信號的頻譜將不會重疊，互相之間也就不會發生干擾現象。

頻道

　　頻道是一種介質(medium)，諸如導線、同軸電纜、導波管、光纖及電離層都是頻道，有一定之頻寬，可使發射機的發射信號送到接收機端，通常都會失真(distortion)、衰減的現象產生，亦會受到雜訊及干擾的影響。

接收機

　　接收機的功能是接收到頻道的輸出信號後，將所要的信號取出，使能配合輸出轉換器。發射信號經過頻道的傳輸後，到達接收機的輸入端，此時這信號十分微弱，且含有雜訊及干擾，因此接收機必須有放大(amplification)、濾波(filter)的作用，然後再經由解調器(demodulator)將原來的信息信號取出。

輸出轉換器

　　輸出轉換器是將電的信號轉換成物理量，以供系統使用者所需。最常用的輸出轉換器是揚聲器(loudspeaker)，其他還有記錄器、示波器、打字機等。

　　現在我們以最常遇到的三種通訊系統來說明，圖 1.4 顯示三種通訊系統。第一個是電話通訊系統，一個人的聲音經由電話機轉換成為電的信號，經過調變處理後，利用電話線介質傳輸系統，到達對方電話機後，再將電的信號還原成為聲音，完成信息的傳達。第二個是由攝影機將舞者的動作影像轉換成為電的信號，利用無線電介質傳輸，遠方的電視機將接收到電的信號，還成為視頻信號，就可看到舞者的表演。第三個是將文件經由打字機編碼轉換成為數位信號，再利用傳輸線傳輸，對方的打字機將接收的信號解碼還原成為原來的信號。

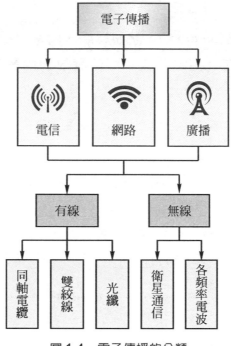

圖 1.4 電子傳播的分類

習　題

1. 當信號的波長分別是 40 m、5 m 及 8 cm，計算其頻率。

2. 一般交流電力線頻率是在那個頻率範圍內？

3. 將下列頻率轉換成不同的單位：

   (1)　2.2 GHz 到 MHz

   (2)　8333 kHz 到 MHz

   (3)　27,875 kHz 到 MHz

   (4)　17,500 MHz 到 GHz

4.　SHF 及 EHF 頻率主要的用途是什麼？

5.　舉出兩種常用家電遙控設備之傳輸介質及頻率使用範圍。

6.　光速以英呎／微秒(feet/μs)表示為多少？以英吋／奈秒(inches/ns)光速又是多少？

7.　列舉出 5 種實際生活中常遇到的通訊應用。

8.　調變的功能何在？

Communication Electronics

Chapter **2**

信號與電子電路

在學習通信系統前必須先瞭解信號與系統間之關係及一些重要的電子電路，例如：振盪電路及濾波電路，將在後面各章節中會使用到。

2.1 信號與系統

一般來說，一個系統(system)是各成份以一規則連接而成組織整體之裝配或是為了完成某一特定事件所需之連續操作及程序的一種集合。一個系統可能是一個較大系統中的副系統(subsystem)。

一個信號是一個電壓或電流隨著時間而變化的波形，信號經過一個系統會產生響應(response)，圖 2.1 為其系統圖形。系統通常由已知的輸入信號及系統的響應來描述其特性。

　　　正弦波形信號在分析通訊系統中扮演著主要角色，這樣的一個信號 $f(t)$ 以時間的函數表示：

$$f(t) = A \cos(\omega t + \theta) \dots\dots\dots\dots\dots\dots\dots\dots\dots\dots\dots\dots(2.1)$$

此處 A 是振幅，θ 是相位(phase)，ω 是相位變化率或角頻率(angle frequency)，以每秒多少弧度(radians)表示，或是以頻率每秒多少週(赫芝，Hz)表示，此時 $\omega = 2\pi f$。

　　　利用**傅利葉**(Fourier)方法能將任何信號分解成為正弦波成份的總和，因此可藉著正弦波的頻率來描述一已知的信號，而最重要的是能藉著正弦波的頻率來描述信號及響應的能量及功率是如何的分佈，當然系統的特性亦可得到描述。

圖 2-1　系統圖形

2.2　信號的分類

　　　一般來說，信號的分類可分為：

定型信號與隨機信號

　　　定型信號(deterministic signals)能完全地以特定的時間函數描述，例如正弦波信號 $f(t)$ 是：

$$f(t) = A \cos \omega_0 t \qquad -\infty < t < \infty \dots\dots\dots\dots\dots\dots\dots\dots\dots(2.2)$$

此處 A 及 ω_0 都是常數，這是我們都熟悉的一個例子，如圖 2.2(a)所示。另外一個定型信號的例子是單位長方形脈波(unit rectangular pulse)，以符號$\Pi(t)$表示,如圖2.2(b)所示。

$$\Pi(t) = \begin{cases} 1 \, , \ |t| < \dfrac{1}{2} \\ 0 \, , \ 其他 \end{cases} \dots\dots\dots\dots\dots\dots\dots\dots\dots\dots\dots\dots\dots\dots(2.3)$$

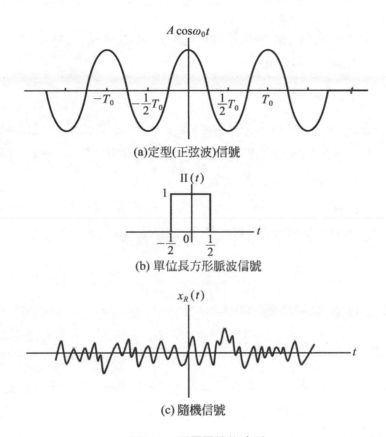

(a)定型(正弦波)信號

(b) 單位長方形脈波信號

(c) 隨機信號

圖2.2　不同信號的波形

隨機信號(random signal)是其信號在任何時刻都是隨意值,無法在某時刻得到固定值,因此必須以或然率來描述隨機信號的特性,或然率與亂動過程將在第四章討論,圖2.2(c)是隨機信號的波形。

週期信號與非週期信號

一個週期信號是信號在每經過一段固定時間後，就重覆一次，我們可以描述週期信號 $f(t)$ 是：

$$f(t + T) = f(t) \quad -\infty < t < \infty \quad \text{................................(2.4)}$$

上式中的最小正值 T 被稱為週期(period)。當信號不能滿足(2.4)式時，就被稱為非週期(aperiodic)信號。

能量信號與功率信號

信號也能以能量及功率來加以分類。能量信號就像一個脈波信號，信號的能量只存在於固定的時距內，甚至當時間為無限大時，信號大部份的能量仍集中在一個固定的時距中。

對一個電器系統而言，一個信號是一個電壓或電流，如果一個電阻 R 上的電壓是 $e(t)$，則瞬時功率消耗是：

$$P = |e(t)|^2/R \quad \text{瓦特} \text{................................(2.5)}$$

對一個電流 $i(t)$，瞬時功率消耗是：

$$P = |i(t)|^2 R \quad \text{瓦特} \text{................................(2.6)}$$

在(2.5)式及(2.6)式中的瞬時功率均與信號大小的平方值成正比，如果是一個1歐姆電阻，則(2.5)及(2.6)兩式有相同的形式，因此一個已知信號 $f(t)$ 的瞬時功率能寫成：

$$P = |f(t)|^2 \quad \text{瓦特} \text{................................(2.7)}$$

由(2.7)式可知，信號在一時距 (t_1 , t_2) 中的能量消耗 E 是：

$$E = \int_{t_1}^{t_2} | f(t)|^2 dt \quad \text{焦耳} \dots\dots\dots\dots\dots\dots\dots\dots\dots\dots\dots\dots\dots\dots(2.8)$$

(2.8)式中的時距變爲無限大時，能量仍被限定住，我們定義此信號 $f(t)$ 爲能量信號，也就是

$$E = \int_{-\infty}^{\infty} | f(t)|^2 dt < \infty \dots\dots\dots\dots\dots\dots\dots\dots\dots\dots\dots\dots(2.9)$$

數個能量信號的例子被如圖 2.3 所示。

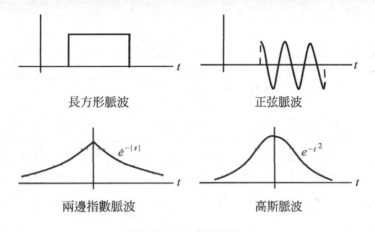

長方形脈波　　　　　　　　　正弦脈波

兩邊指數脈波　　　　　　　　高斯脈波

圖 2.3　一些能量信號

信號 $f(t)$ 在時距 (t_1, t_2) 內的平均功率消耗是

$$P = \frac{1}{t_2 - t_1} \int_{t_1}^{t_2} | f(t)|^2 dt \dots\dots\dots\dots\dots\dots\dots\dots\dots\dots\dots\dots(2.10)$$

當時距變爲無限大時，公式(2.10)的右邊非但不爲零而且仍是被限定的，也就是

$$0 < \lim_{T \to \infty} \int_{-T/2}^{T/2} | f(t)|^2 dt < \infty \dots\dots\dots\dots\dots\dots\dots\dots\dots\dots(2.11)$$

此時我們稱此信號 $f(t)$ 爲功率信號。

基於公式(2.9)及(2.11)的定義，我們做成下列兩項結論，可清楚地辨別能量信號及功率信號。

1. 若 $0 < E < \infty$，且 $P = 0$，我們說 $f(t)$ 是一個能量信號。

2. 若 $0 < P < \infty$，且 $E = \infty$，我們說 $f(t)$ 是一個功率信號。

由上面兩項結論，可知能量信號與功率信號是互為反面的，也就是說：假若一個信號有一定的能量則必定不是功率信號。週期性的信號和隨機信號是屬於功率信號，而所有非週期信號則屬能量信號。

例 2.1 試決定正弦波信號 $f(t) = A \cos(\omega t + \theta)$ 是功率信號。

解 從公式(2.10)式可知平均功率 P 是

$$P = \frac{1}{T} \int_{-T/2}^{T/2} | f(t) |^2 dt$$

$$= \frac{1}{T} \int_{-T/2}^{T/2} A^2 \cos^2(\omega t + \theta) dt$$

$$= \frac{1}{T} \int_{-T/2}^{T/2} \frac{A^2}{2} dt + \frac{1}{T} \int_{-T/2}^{T/2} \frac{A^2}{2} \cos 2(\omega t + \theta) dt$$

$$= \frac{A^2}{2}$$

這裡用到恆等式 $\cos^2 u = \frac{1}{2}(1 + \cos 2u)$，因此可得到週期波信號是功率信號。

類比信號與離散信號

類比信號(analog signals)是時間連續之信號，亦就是說，對於任一時間均有其對應之信號值，類比信號以 $x(t) = A \sin \omega t$，如圖 2.4 所示。相對地，離散信號(discrete signals)是信號值只存在某一些特定時間。可以表示為

$$x[n] = \frac{1}{2} \ , \ -2 < n < 2$$

上式中 n 為整數，如圖 2.5 所示。

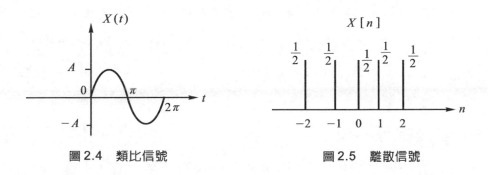

圖 2.4　類比信號　　　　　　　　圖 2.5　離散信號

2.3　系統的分類

以數學的觀點來看，一個系統是用來指定輸出信號 $g(t)$ 對應於輸入信號 $f(t)$ 的規則，即是

$$g(t) = \mathscr{F}\{f(t)\} \dotfill (2.12)$$

這裡符號 $\mathscr{F}\{\ \}$ 表示規則，這規則可能是代數運算、一個微分或積分方程式……。當兩個系統串接在一起時，第一個系統的輸出成為第二個系統的輸入；於是構成一個完整的新系統：

$$\begin{aligned} g(t) &= \mathscr{F}_2\{\mathscr{F}_1[f(t)]\} \\ &= \mathscr{F}\{f(t)\} \dotfill (2.13) \end{aligned}$$

在信號分析中，我們習慣於藉著一些基本性質來做系統的分類，詳述如下。

線性系統與非線性系統

假如一個系統是線性的(linear)，則重疊(superposition)原理可被使用，也就是假如

$$g_1(t) = \mathcal{F}\{f_1(t)\} \quad 及 \quad g_2(t) = \mathcal{F}\{f_2(t)\}$$

然後　　$\mathcal{F}\{a_1 f_1(t) + a_2 f_2(t)\} = a_1 g_1(t) + a_2 g_2(t)$.............................(2.14)

此處 a_1、a_2 是常數，於是一個系統能滿足公式(2.14)它就是線性系統，否則就是非線系統。

非時變與時變系統

一個非時變系統是輸入信號被位移一段時間後，造成相對應的輸出信號也位移一段時間，以下式表示：

$$g(t-t_0) = \mathcal{F}\{f(t-t_0)\} \quad 對任何 t_0 而言 ....(2.15)$$

任一系統不能滿足公式(2.15)就是時變(time-varying)系統。一個系統可能是線性的及時變系統，或者是非線性的及非時變系統，兩個這種系統的例子如圖 2.6 所示。

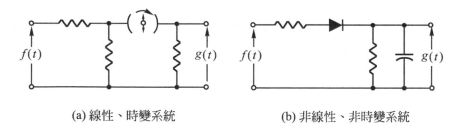

(a) 線性、時變系統　　　　　(b) 非線性、非時變系統

圖 2.6

2.4　振盪電路

　　振盪(oscillation)是指信號在兩個狀態之間做變動,振盪器就是一種產生振盪的電路,在通訊電路中振盪器有很多的應用,例如高頻載波,本地振盪器及時脈信號的產生。振盪器主要的是將直流的輸入電壓轉變成交流的輸出電壓,輸出的波形可能是正弦波、脈波、鋸齒波或其他形式的波形,並以週期區間重覆。

2.4-1　*LC*振盪器

　　*LC*振盪器是利用*LC*決定頻率的儲能電路元件之振盪電路。儲能電路的操作包含動能(kinetic)與位能(potential)之間的能量交換。圖 2.7 說明*LC*儲能電路的操作。於圖 2.7(a),當電流注入於電路(時間t_1),能量於電感器與電容器之間交換,而產生相對應的交流輸出電壓(時間t_2到t_4)。輸出波形表示於圖 2.7(b)。並聯*LC*網路的共振頻率,簡單的說就是*LC*儲能電路的操作頻率,同時頻帶寬度就是電路Q值的函數。*LC*儲能電路的共振頻率當$Q \geq 10$時的數學表示近似於

$$f_o = \frac{1}{2\pi\sqrt{(LC)}} \quad\text{.................(2.16)}$$

*LC*振盪器包含有哈特萊及考畢子振盪器。

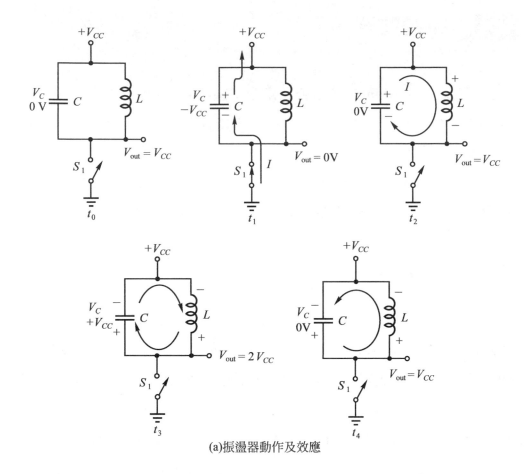

(a)振盪器動作及效應

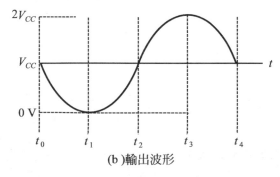

(b)輸出波形

圖 2.7 *LC*儲能電路

哈特萊振盪器

圖 2.8(a)所示為哈特萊振盪器(Hartley oscillator)之電路圖。電晶體放大器(Q_1)提供迴路在共振頻率時所需的單位電壓增益。耦合電容(C_C)提供再生回授路徑。L_1與C_1為決定頻率的元件，V_{CC}是供應的直流電壓。

圖 2.8(b)表示為哈特萊振盪器的直流電路。C_C為阻隔電容，以隔絕基極偏壓而防止基極偏壓經由L_{1b}到地短路。C_2也是阻隔電容，防止集極的電壓經由L_{1a}短路至地。

圖 2.8(c)所示為哈特萊振盪器的交流等效電路。C_C交流之耦合電容，由儲能電路提供再生回授路徑至Q_1的基極。C_2為從Q_1的集極耦合交流信號到儲能電路。RFC對交流可視為開路，以隔絕振盪之交流信號至直流電源供給。

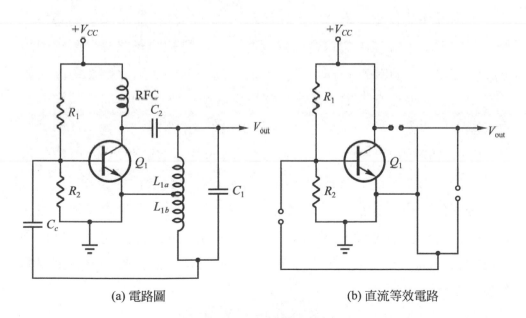

(a) 電路圖　　　　　　　　(b) 直流等效電路

圖 2.8　哈特萊振盪器

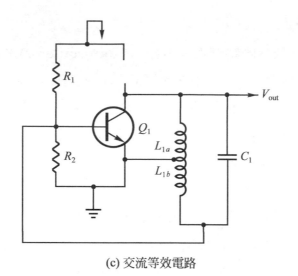

(c) 交流等效電路

圖2.8　哈特萊振盪器(續)

　　下列說明哈特萊振盪器的工作原理。起初電源打開時，Q_1的集極出現眾多的頻率，且經由C_2耦合主儲能電路。此最初的雜訊提供所需的能量於C_1充電。一旦C_1部份充電則振盪器的動作開始。因此儲能電路將於諧振頻率有效地振盪。儲能電路一部分的電壓降於L_{1b}兩端而且送回到Q_1的基極加以放大。於集極產生與基極180°相位差的放大信號。此信號經過L_1再以 180°的相位移產生，結果送回Q_1的基極信號並以 360°相位再予以放大。因此電路沒有外加的輸入信號而產生持久性的振盪。

　　送回Q_1基極的振盪能量比例為L_{1b}與總電感($L_{1a}+L_{1b}$)的比所決定。假如送回的能量不足時，振盪產生阻尼。假如送回的能量過大，則電晶體達飽和。因此，調整L_1的位置使回授的能量達到能持續振盪且迴路的電壓增益為一。

　　對於哈特萊振盪器的頻率可以近似於下列的式子：

$$f_o = \frac{1}{2\pi\sqrt{(LC)}} \dotfill (2.17)$$

其中　　$L = L_{1a} + L_{1b}$

　　　　$C = C_1$

考畢子振盪器

　　圖 2.9(a)所示為考畢子振盪器(Colpitts oscillator)之電路。考畢子振盪器與哈特萊振盪器除了以電容器的分隔代替抽頭的電感器外,其操作很類似。Q_1為提供放大,C_C為提供回授的路徑;而L_1、C_{1a}與C_{1b}為決定頻率的元件V_{CC}是直流供給電壓。

　　圖 2.9(b)為考畢子振盪器的直流等效電路。C_2為隔絕電容,以防止集極的直流電壓出現於輸出端。RFC 對直流短路。

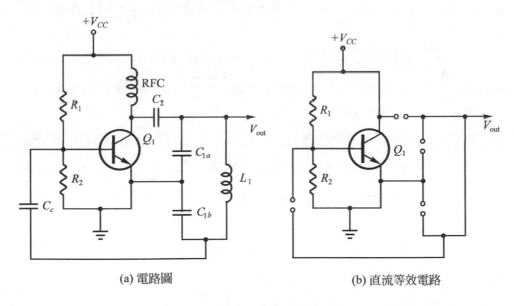

(a) 電路圖　　　　　　　　　　　(b) 直流等效電路

圖 2.9　考畢子振盪器

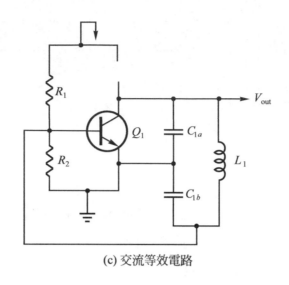

(c) 交流等效電路

圖 2.9 考畢子振盪器(續)

圖 2.9(c)為考畢子振盪器的交流等效電路。C_C為交流的耦合電容，提供儲能電路之回授路到Q_1的基極。RFC對交流為開路，防止振盪至直流電壓供給。

考畢子振盪器的操作幾乎與哈特萊振盪器一致。於電源開啟時，雜訊出現於Q_1的集極，同時提供能量至儲能電路，造成振盪器開始產生。C_{1a}與C_{1b}組成交流的分壓。

跨於C_{1b}的電壓經由C_C送回Q_1的基極。由Q_1基極到集極有$180°$的相位差，同時經過C_1產生$180°$的相位移。結果，再生的回授信號總相位移為$360°$，而產生振盪。回授信號的振幅由C_{1a}與$C_{1a}+C_{1b}$的比例決定。

$$f_o = \frac{1}{2\pi\sqrt{(LC)}} \quad\cdots\cdots\cdots\cdots\cdots\cdots\cdots\cdots\cdots\cdots\cdots\cdots\cdots(2.18)$$

其中　　$L = L_1$

$$C = \frac{C_{1a}C_{1b}}{C_{1a}+C_{1b}}$$

2.4-2　晶體振盪器(Crystal oscillator)

　　晶體振盪器為LC儲能電路中，決定頻率元件以晶體來取代的回授振盪電路。此振盪器與LC儲能振盪器除了有幾個先天性優點外，其動作方式很類似。晶體振盪有時稱為晶體共振，同時對於頻率計數器其能夠產生精確、穩定的頻率。如電子導航系統、無線電的發射與接收、電視機、卡式錄影機、電腦的時序脈波及很多無可計數的其他應用。

晶體等效電路

　　圖 2.10(a)所示是晶體之電氣等效電路，其等效電路中有串聯，及並聯的兩種電路，因此有兩個等效阻抗及兩個諧振頻率：一個是串聯，另一個是並聯。串聯等效阻抗由R、L及C_1組成(也就是，$Z_s = R \pm jX$，其中$X = |X_L - X_C|$。並聯等效阻抗由L及C_2組成[也就是，$Z_p = (X_L \times X_{C2})/(X_L + X_{C2})$]。於極低頻率時，$L$、$C_1$及$R$串聯阻抗是非常高且呈電容性($-$)。於圖2.10(c)所示。當頻率增加時，達到$X_L = X_{C1}$點，於此頻率($f_1$)時，串聯阻抗最小，呈電阻性且等於$R$。當頻率再增加時，頻率為($f_2$)，串聯阻抗變高且呈電感性($+$)。此時$L$及$C_2$的並聯組合使晶體造成類似於並聯諧振電路(於諧振時阻抗最大)。於f_1與f_2頻率之間的差一般是相當小(典型值大約為晶體自然振盪頻率的 1 %)。晶體的操作在串聯或並聯諧振頻率，依所使用的電路型態而定。阻抗曲線的關係表示於圖2.10(b)，其也提供了晶體的穩定度及精確度，石英晶體的串聯諧振頻率可簡化成

$$f_1 = \frac{1}{2\pi\sqrt{(LC_1)}}$$

及並聯諧振頻率為

$$f_2 = \frac{1}{2\pi\sqrt{(LC)}}$$

其中 $C = C_1$ 與 C_2 的並聯組合。

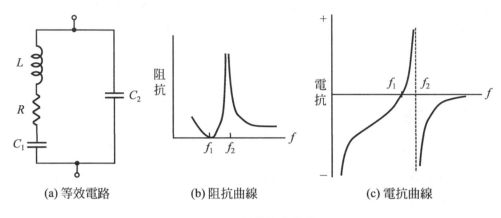

(a) 等效電路　　　　(b) 阻抗曲線　　　　(c) 電抗曲線

圖 2.10　晶體等效電路

晶體振盪電路

　　雖然有很多以晶體為基礎的振盪器型態，一般而言大部分是分離式及 π 型積體電路和半橋式 RLC。假如需要很好的頻率穩定度及簡單的電路，則分離式 π 型振盪器是很好的選擇。如果是低成本及主要用於數位介面，則 IC 的 π 型振盪器將足夠。但是，對於最好的頻率穩定度，則 RLC 半橋式是最好的選擇。

分離式 π 型振盪器(discrete pierce oscillator)

　　分離式 π 型振盪器有很多優點。其操作頻率散佈於整個範圍(由 1 kHz 到大約 30 MHz)。其使用相當簡單的電路，而只需要很少的元件(大部分於中間頻率時，僅需要一個電晶體)。對 π 型振盪器而言，由於晶體本身消耗的功率很少故其設計可提供高的輸出信號功率。最後，π 型晶體振盪器的短期間頻率穩定度是非常好(也就是因為電路中的負載 Q 值一樣高)。對π型振盪器的唯一缺點是需要高增益的放大器(將近 70dB)。結果,必須使用一個極高增益的電晶體或儘可能使用多級的放大器。

圖 2.11 所示為 1 MHz π型振盪電路。Q_1 提供產生自身持續性振盪所需的所有增益。R_1 與 C_1 提供落後 65° 相位的回授信號。晶體阻抗基本上是由電阻性很小的串聯諧振產生。此阻抗與 C_2 電抗的組合提供另外 115° 的落後相移。電晶體產生反相信號(180° 相位移),因此得到電路所需 360° 的總相位移。因為晶體的負載主要是非電阻性(大部分由 C_1 與 C_2 串聯組合),此振盪器的型態提供非常好的短期間頻率穩定度。不幸地,C_1 與 C_2 產生持續性的損失結果,電晶體必須提供相當高的增益;這就是明顯的缺點。

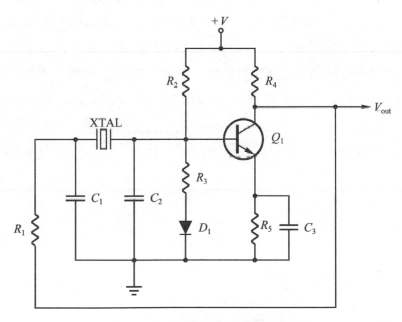

圖 2.11　分離式π型晶體振盪器

積體電路的 π 型振盪器(integrated-circuit π-type oscillator)

圖 2.12 所示為IC π 型晶體振盪器。雖然其提供較差的頻率穩定度，但能使用於簡單的 IC 設計且比傳統的分離式設計成本來得少。為了能確保振盪，則 RFB 的 dc 偏壓使 A_1 放大器的輸入信號反相且於A類的操作。A_2 轉移 A_1 的輸出至飽和與截止，以減少上升及下降時間，同時當作 A_1 的緩衝輸出。A_1 的輸出電阻與 C_1 組合提供RC所需的落後相位。CMOS (互補式金氧半導體)類的操作頻率大約到 2 MHz 及 ECL(射極耦合邏輯) 類的操作可至 20 MHz。

RLC 半橋式晶體振盪器(RLC half-bridge crystal oscillator)

圖 2.13 所示為 RLC 半橋式晶體振盪器。此振盪器最初於 1940 年所發展而使用全四臂的橋式及負溫度係數的鎢燈。此電路的型態表示於圖 2.13 其使用二臂的橋式及應用負溫度係數的熱敏電阻。Q_1 當成相位分歧及提供兩個相位差為 180° 的信號。此晶體必須操作於串聯諧振頻率，所以內部阻抗是相當小的電阻性。當振盪開始信號振幅逐漸增加，熱敏電阻電阻之值減少直到電橋幾乎成無效的。振盪的振幅能穩定且同時決定最後的熱敏電阻值。則 LC 儲能電路的輸出調至晶體串聯諧振頻率。

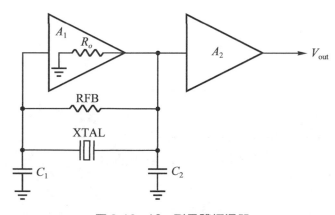

圖 2.12 IC π 型晶體振盪器

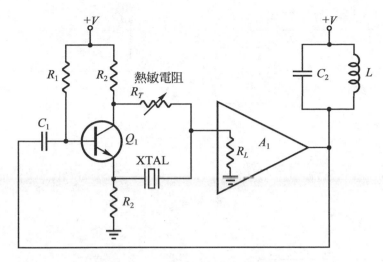

圖 2.13 *RLC*半橋式晶體振盪器

2.4-3 品質因素*Q*與頻寬*BW*

　　前面所提到*LC*振盪器、晶體振盪器均屬並聯共振電路(parrael resonant circuits)，一個理想的並聯共振電路如圖 2.14 所示。圖 2.14(a) 中電感器與電容器是與外加電壓並聯在一起，當電感值與電容值相等時，就會產生共振，共振頻率如(2.17)式所示。若電路中沒有電阻存在，則電感器上的電流與電容器上的電流將相同，$I_L = I_C$ 但電容器電流 I_C 的相位將超前電感器電流 I_L 的相位 180°，如圖 2.14(b)所示。

　　在實際應用上，一個實用的並聯共振電路將如圖 2.15(a)所示。圖中假定電感器含有一個線圈電阻 R_W，在共振時，因為線圈上的電阻 R_W 會使電感分支的阻抗大於電容分支的阻抗，亦就是電容電流稍大於電感電流，因而電流不相等下，有些電流回流到電源供應線上，電源電流將超前供應電壓，如圖 2.15(b)所示。

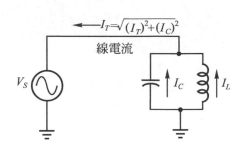

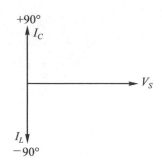

(a) 理想並聯共振電路　　　　　(b) 並聯共振電路中電流關係

圖 2.14

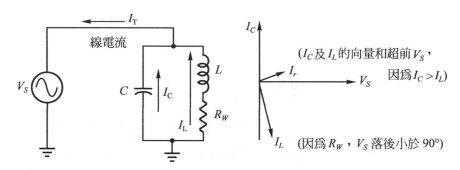

(a) 含有線圈電阻 R_W 的實際並聯共振電路　　　(b) 相位關係

圖 2.15

　　由於線電流 I_T 是遠小於各分支電流 I_C 及 I_L，因此造成很大的電阻性阻抗

$$Z = \frac{V_S}{I_T}$$

　　任何導線或導體會有一個特性電感，導線愈長電感值愈大，雖然一般在 µH(微亨利)範圍內，當頻率升高時，電抗將變得嚴重，所以在 RF (射頻)電路中，連接線要愈短愈好。

電感很重要的特性是品質因素Q(quality factor)，定義為電感功率與電阻功率之比值

$$Q = \frac{I^2 X_L}{I^2 R} = \frac{X_L}{R}$$

若並聯共振電路之頻率 f_r 已知，則此電路之頻寬定義為

$$BW = \frac{f_r}{Q}$$

至於品質因素Q與頻寬BW之關係，如圖2.16所示。

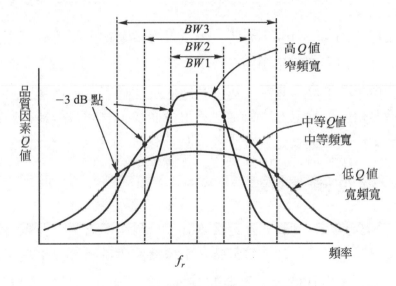

圖2.16　品質因素Q與頻率BW之關係

從圖2.16中可知，當品質因素Q愈大時，頻寬BW愈窄，品質因素Q較小時，頻寬BW則較寬。

例 2.2　一個LC並聯共振電路，共振頻率 $f_r = 52$ MHz，品質因素Q $= 12$，電感$= 0.15\mu H$，計算其阻抗及頻寬。

解 $Q = \dfrac{X_L}{R_W}$

$X_L = 2\pi f L = 6.28(52 \times 10^6)(0.15 \times 10^{-6}) = 49\ \Omega$

$R_W = \dfrac{X_L}{Q} = \dfrac{49}{12} = 4.1\ \Omega$

阻抗 $Z = R_W(1 + Q^2) = 4.1(1 + 12^2) = 592\ \Omega$

$BW = \dfrac{f_r}{Q} = \dfrac{52\ \text{MHz}}{12} = 4.3\ \text{MHz}$

2.5 濾波電路

濾波電路(filter circuits)是一個頻率選擇電路，此電路可讓某些頻率通過而其它頻率則被排拒。

濾波電路產生方式有許多種，一些簡單的濾波器是由電阻器與電容器或電感器組成以及電容器與電感器組合而成，有時被稱為被動濾波器(passive filters)，因為這些元件沒有放大之作用。

2.5-1 RC低通濾波器

圖 2.17(a)顯示一個RC低通濾波器，一個頻率選擇元件電容器形成簡單的電壓分配器。在頻率很低時，電容器的電抗遠大於電阻，因此衰減很小。當頻率增加時，電容器的電抗小於電阻，衰減快速增加，RC低通濾波器的頻率響應，如圖 2.17(b)所示。

RC低通濾波器的截止頻率(cutoff frequency)點是當 $R = X_C$，此時截止頻率

$$f_{CO} = \dfrac{1}{2\pi RC}$$

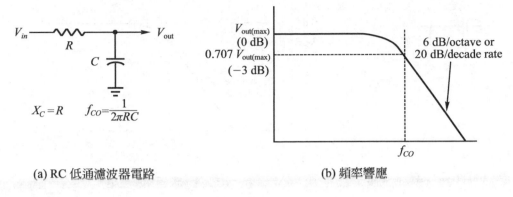

(a) RC 低通濾波器電路　　　　　　(b) 頻率響應

圖 2.17

例 2.3　一個RC低通濾波器的電阻$R = 8.2\ \text{k}\Omega$，電容$C = 0.0033\ \mu\text{F}$，試求其截止頻率？

解　$f_{CO} = \dfrac{1}{2\pi RC} = \dfrac{1}{2\pi(8.2 \times 10^3)(0.0033 \times 10^{-6})} = 5.88\ \text{kHz}$

　　在截止頻率時，輸出振幅是輸入信號振幅的 70.7 %，這一點又稱 -3 dB 點，換句話說，RC低通濾波器在截止頻率時有-3 dB的電壓增益。

2.5-2　RC高通濾波器

　　圖 2.18(a)顯示RC高通濾波器，其截止頻率為

$$f_{CO} = \dfrac{1}{2\pi RC}$$

頻率響應如圖 2.18(b)所示。

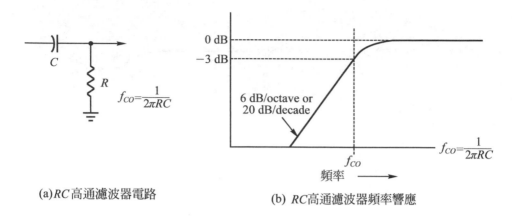

(a)RC高通濾波器電路　　　(b) RC高通濾波器頻率響應

圖 2.18

例 2.4　一個RC高通濾波器的截止頻率是 3.4 kHz，電容器的電容值是 0.047 μF，試求其最接近標準 EIA 電阻器之電阻值。

解　截止頻率 $f_{CO} = \dfrac{1}{2\pi RC}$，

$$R = \dfrac{1}{2\pi(3.4 \times 10^3)(0.047 \times 10^{-6})} = 996\ \Omega,$$

最接近標準 EIA 電阻值是 910 Ω 及 1000 Ω，因此選擇 1000 Ω最接近 996 Ω。

2.5-3　RC帶阻濾波器

　　RC帶阻濾波器(RC bandstop filters)是用來衰減一中心頻率點的狹窄頻率，圖 2.19(a)是一個簡單的RC帶阻濾波器，由電阻電容組成，又稱雙 T 帶阻濾波器，亦可說明橋式電路的變形。若元件值精準的匹配，電路將達平衡及對輸入信號頻率產生 30 dB 到 40 dB 的高衰減，如圖 2.19(b)所示。

　　中心帶阻頻率的計算公式為

$$f_{bs} = \dfrac{1}{2\pi RC}$$

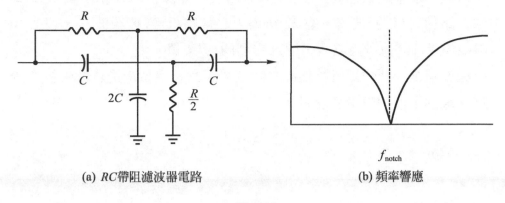

(a) *RC*帶阻濾波器電路   (b) 頻率響應

圖 2.19

例 2.5 一個*RC*帶阻濾波器中之電阻$R = 220$ kΩ，若要除去 120 Hz 之信號，則電容值應為多少？

解
$$f_{bs} = \frac{1}{2\pi RC}$$

$$C = \frac{1}{2\pi f_{bs} R} = \frac{1}{6.28(120)(220 \times 10^3)} = 0.006 \ \mu F$$

$$2C = 0.012 \ \mu F$$

2.5-4 *LC*低通濾波器

    *LC*濾波器有兩種基本型態，分別是常數*K*及*m*推導濾波器。常數*K*濾波器使電容性及電感性電抗的乘積為一常數*K*值，此種濾波器有電阻性的輸入及輸出阻抗。

    *m*推導濾波器使用一個調諧電路產生一個衰減無限大的點，為了加速衰減率，衰減率(rate of attenuation)是濾波器截止頻率與衰減無限大頻率比值之函數。

　　常數K低通濾波器可以用三種方式組成，如圖2.20所示，圖2.20(a)中的電路稱為L段濾波器，圖2.20(b)中之電路稱為T段濾波器，圖2.20(c)中之電路稱為π段濾波器，注意它們的L及C值。

　　濾波器被一個內部阻抗為R_L之產生器驅動，這個R_L是負載阻抗位於電路之端點，能夠以下式表示：

$$R_L = K = \sqrt{\frac{L}{C}}$$

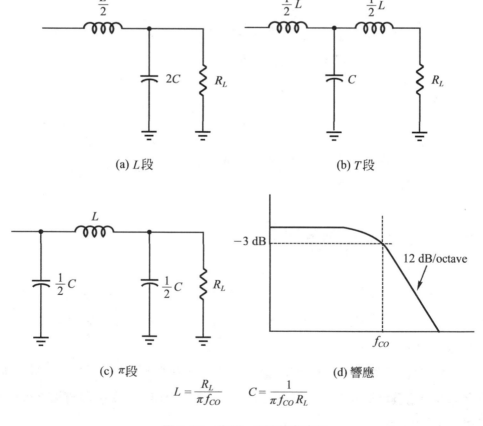

(a) L段　　　　　　　　　　　(b) T段

(c) π段　　　　　　　　　　(d) 響應

$$L = \frac{R_L}{\pi f_{CO}} \qquad C = \frac{1}{\pi f_{CO} R_L}$$

圖2.20　常數－K低通濾波器

這LC低通濾波器的-3 dB 截止頻率為

$$f_{CO} = \frac{1}{4\pi\sqrt{LC}}$$

濾波器的下降率(roll-off rate)是 12 dB，如圖 2.20(d)所示。這些濾波器可以串接在一起，使高於截止頻率的頻率有較大的衰減及有較佳的選擇性。

例 2.6 有一π段LC低通常數$-K$濾波器，工作在 40 MHz，負載為 50 Ω，計算電感及電容值應為多少？

解 從圖 2.20 中知

$$L = \frac{R_L}{\pi f_{CO}} = \frac{50}{3.14(40\times10^6)} = 398 \times 10^{-9}$$

$$= 398 \text{ nH}$$

$$C = \frac{1}{\pi f_{CO} R_L} = \frac{1}{3.14(40\times10^6)50} = 1.592 \times 10^{-10}$$

$$= 79.61 \text{ pF}$$

當需在截止點附近有較好的選擇性時，低通濾波器可以加入調諧或共振電路做為修正，兩個m-推導濾波器如圖 2.21 所示，在圖 2.21(a)中一個並聯LC電路在截止頻率附近形成高阻抗，亦就是在截止頻率附近提供一陡陗衰減的凹陷(deep attenuation notch)，如圖 2.22 所示。

當一個串聯共振電路與輸出負載並聯在一起，亦可有相同的效應，如圖 2.21(b)所示。

典型上m值是介於 0.5 到 0.9 之間，由截止頻率與衰減無限大時頻率之比決定，就是

$$m = \sqrt{1 - (\frac{f_{CO}}{f_\infty})^2}$$

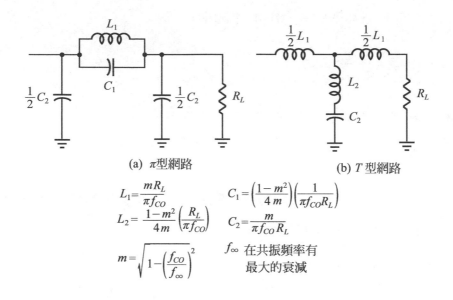

(a) π型網路　　　　　　　　(b) T 型網路

$$L_1 = \frac{mR_L}{\pi f_{CO}} \qquad C_1 = \left(\frac{1-m^2}{4m}\right)\left(\frac{1}{\pi f_{CO} R_L}\right)$$

$$L_2 = \frac{1-m^2}{4m}\left(\frac{R_L}{\pi f_{CO}}\right) \qquad C_2 = \frac{m}{\pi f_{CO} R_L}$$

$$m = \sqrt{1-\left(\frac{f_{CO}}{f_\infty}\right)^2} \qquad \begin{array}{l} f_\infty \text{ 在共振頻率有} \\ \text{最大的衰減} \end{array}$$

圖 2.21　　LC低通m-推導濾波器

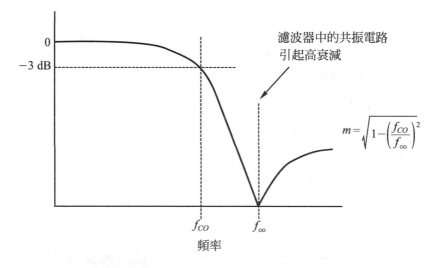

圖 2.22　　m-推導LC低通濾波器之頻率響應

m值較大時，有較好的選擇性，但在截止頻率上有較大的輸出，通常$m = 0.6$，在選擇性及高於截止點衰減之間達成一平衡。

2.5-5 LC高通濾波器

三個常數-K LC高通濾波器被如圖 2.23 所示，電感L及電容C計算的公式為

$$L = \frac{R_L}{4\pi f_{CO}}$$

$$C = \frac{1}{4\pi f_{CO} R_L}$$

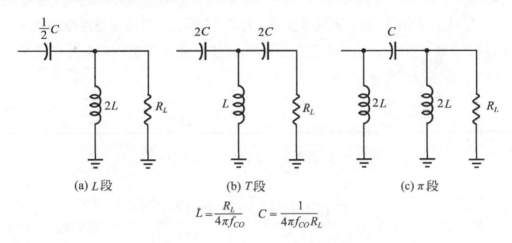

(a) L段　　　　　　(b) T段　　　　　　(c) π段

$$L = \frac{R_L}{4\pi f_{CO}} \quad C = \frac{1}{4\pi f_{CO} R_L}$$

圖 2.23　常數-K LC高通濾波器

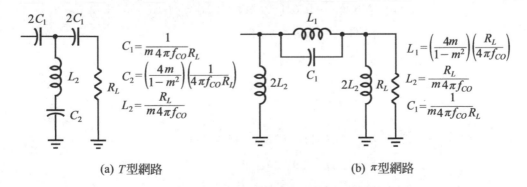

$$C_1 = \frac{1}{m 4\pi f_{CO} R_L}$$

$$C_2 = \left(\frac{4m}{1-m^2}\right)\left(\frac{1}{4\pi f_{CO} R_l}\right)$$

$$L_2 = \frac{R_L}{m 4\pi f_{CO}}$$

$$L_1 = \left(\frac{4m}{1-m^2}\right)\left(\frac{R_L}{4\pi f_{CO}}\right)$$

$$L_2 = \frac{R_L}{m 4\pi f_{CO}}$$

$$C_1 = \frac{1}{m 4\pi f_{CO} R_L}$$

(a) T型網路　　　　　　(b) π型網路

圖 2.24　m-推導LC高通濾波器及響應

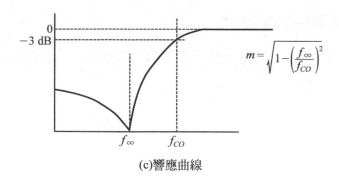

(c)響應曲線

圖2.24　m-推導LC高通濾波器及響應(續)

　　另外兩種m-推導LC高通濾波器如圖2.24所示，其頻率響應曲線圖，如圖 2.24(c)所示，兩種串接或並接LC段和其他元件組合可產生陡峭衰減點以改善選擇性。

例 2.7　有一 T 型m-推導LC高通濾波器，其$m = 0.6$，截止頻率 f_{CO} $= 28$ MHz，負載$R_L = 75$ Ω，試求L及C之值。

解

$$L_2 = \frac{R_L}{m 4\pi f_{CO}} = \frac{75}{(0.6)(4)(3.14)(28 \times 10^6)} = 3.55 \times 10^{-7}$$

$$= 0.355 \times 10^{-6} = 0.355 \text{ μH or } 355 \text{ nH}$$

$$C_1 = \frac{1}{m 4\pi f_{CO} R_L} = \frac{1}{(0.6)(4)(3.14)(28 \times 10^6)(75)}$$

$$= 6.32 \times 10^{-12} = 63.2 \text{ pF}$$

$$2C_1 = 2(63.2) = 126 \text{ pF}$$

$$C_2 = \frac{4m}{1-m^2} \frac{1}{4\pi f_{CO} R_C}$$

$$= \frac{4(0.6)}{1-(0.6)^2} \frac{1}{4(3.14)(28 \times 10^6)(75)}$$

$$= (3.75)(3.79 \times 10^{-11}) = 1.42 \times 10^{-10}$$

$$= 142 \times 10^{-12} \text{ F or } 142 \text{ pF}$$

2.5-6　*LC*帶通濾波器

　　兩種*LC*帶通濾波器被如圖2.25所示，圖2.25(a)中，一個串聯共振電路與輸出電阻串接在一起，形成電壓分配器，在共振頻率的上方或下方，電感或電容的電抗值均會大於輸出電阻，因此輸出振幅變的很小，但在共振頻率時，電感及電容之電抗值互相抵消，只存有電感之低阻值，於是輸入信號的大部份出現在有較高電阻之輸出端，其響應曲線如圖2.26所示，其頻寬為

$$BW = \frac{f_c}{Q}$$

　　圖2.25(b)顯示一個並聯共振電路，同樣電壓分配器是由電阻*R*及共振電路組成，這時輸出是跨在並聯共振電路上，當頻率在共振頻率之上方及下方時，並聯共振電路之阻抗低於電阻，因此輸出電壓是非常低，亦就是中心頻率的上方及下方有很大的衰減。在共振頻率時，電容及電感之電抗相等，並聯共振電路之阻抗遠大於電阻，因而輸入信號的大部份出現在共振電路的輸出端上，其頻率響應曲線如圖2.26所示。

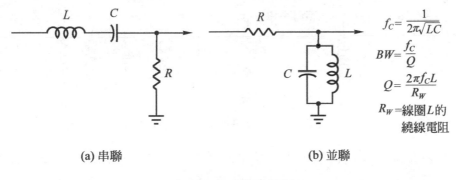

$$f_C = \frac{1}{2\pi\sqrt{LC}}$$

$$BW = \frac{f_C}{Q}$$

$$Q = \frac{2\pi f_C L}{R_W}$$

R_W = 線圈*L*的繞線電阻

(a) 串聯　　　　　　(b) 並聯

圖2.25　*LC*帶通濾波器

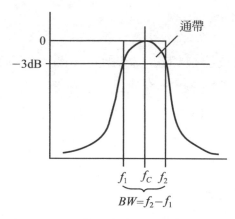

圖2.26　*LC*帶通濾波器頻率響應曲線

　　為了改善選擇性，陡陗的頻率響應曲線可由串接數個帶通段而取得，數種電路圖如圖2.27所示。

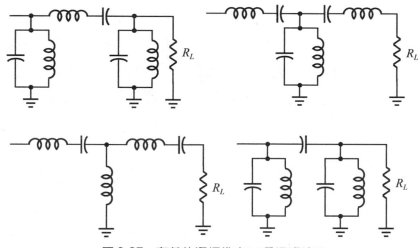

圖2.27　有較佳選擇性之*LC*帶通濾波器

　　當數個通帶串接在一起，總通帶變窄了，頻率響應曲線變的陡陗了，如圖2.28所示，就如前面所說，多個濾波帶可以明顯改善濾波器的選擇性，但增加了帶通的介入衰減(insertion loss)，必須要增加增益做為補償。

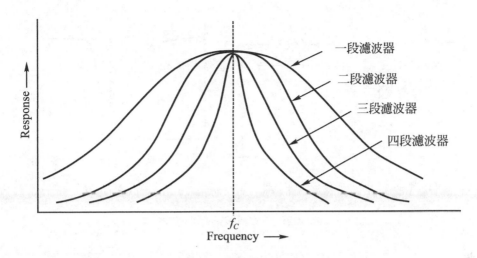

圖 2.28　多個串接通帶濾波帶可改善選擇性及頻寬變窄

2.5-7　*LC*帶阻濾波器

圖 2.29 顯示二種不同的帶阻濾波器，圖 2.29(a)中，串聯*LC*共振電路與電阻*R*形成電壓分配器，在帶阻頻率上方及下方，*LC*電路阻抗大於電阻*R*，因此在中心頻率的上方及下方，信號以最小衰減通過而輸出。在中心頻率時，共振電路僅有電感的低電阻，遠小於電阻*R*，因而輸出信號的振幅非常小，其頻率響應曲線如圖 2.29(c)所示。

*LC*並聯帶阻濾波器如圖 2.29(b)所示，圖中並聯共振電路是與電阻串接，輸出是在電阻*R*上，在共振頻率的上方及下方之頻率時，並聯共振電路的阻抗是十分小，因此對信號的衰減很小，大部份輸入信號之電壓出現在輸出電阻*R*上。在共振頻率時，並聯*LC*電路有非常大的阻抗，比輸出電阻*R*大很多，於是輸入信號的電壓很少出現在輸出電阻*R*上，達到帶阻濾波之作用。

CH**2**

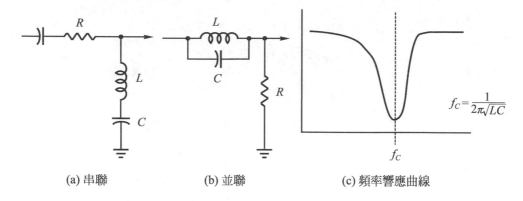

(a) 串聯   (b) 並聯   (c) 頻率響應曲線

圖 2.29 LC 調諧帶阻濾波器

習 題

1.   7 pF 的電容器在 2 GHz 時的電抗是多少？

2.   電容器在 450 MHz 時產生 50 Ω 的電抗，此時電容值為何？

3.   0.9 μH 線圈在 800 MHz 時的電感電抗是多少？

4.   在何種頻率下，2 μH 電感器的電抗是 300 Ω？

5.   2.5 μH 電感器的電阻是 25 Ω，在頻率 35 MHz 下，品質因素 Q 為何值？

6.   0.55 μH 線圈及 22 pF 的電容器產生的共振頻率是多少？

7.   電感值為何值才能與 80 pF 電容器產生 18 MHz 共振頻率？

8.   一個並聯共振電路的電感值是 33 μH，線圈電阻是 14 Ω 及電容值是 48 pF，試求其頻寬？

9.   一串聯共振電路的上方及下方截止頻率分別是 72.9 及 70.5 MHz，其頻寬為何？

10.   在頻率 4 GHz 下，頻寬為 36 MHz，試求電路之品質因 Q 為何值？

11. 當使用一台電視機時，爲了防止 27 MHz *CB* 無射電台干擾 TV 第 2 頻道 54 MHz 信號時，需用何種濾波器？

Communication Electronics

Chapter 3

傅利葉轉換及應用

我們已在前一章中討論過信號與系統間的關係,其實對於通訊系統最主要的工作就是做信號的處理與分析,而信號的處理與分析必須藉著數學來表示,所以本章的重點是在探討常用的數學函數。

3.1 信號的相量頻譜

在做系統分析時,最有用的信號是週期信號,它可以利用下式表示:

$$\tilde{f}(t) = Ae^{j(\omega_0 t + \theta)} \quad -\infty < t < \infty \quad\text{.............(3.1)}$$

這個信號的特性由三個參數來決定:振幅A、相位θ(以弧度表示)及頻率ω_0(以每秒多少弧度表示)或$f_0 = \omega_0/2\pi$赫芝(Hz)。我們稱$\tilde{f}(t)$為旋轉相量(rotating phasor)以區別相量$Ae^{j\theta}$。利用**尤拉**(Euler)公式

$$e^{\pm j u} = \cos u \pm j \sin u \dots\dots\dots\dots\dots\dots\dots\dots\dots\dots(3.2)$$

我們立刻可表示

$$\tilde{f}(t) = \tilde{f}(t + T_0) \dots\dots\dots\dots\dots\dots\dots\dots\dots\dots(3.3)$$

這裡週期 $T_0 = 2\pi/\omega_0$，因此 $\tilde{f}(t)$ 是一個週期信號。

旋轉相量 $A e^{j(\omega_0 t + \theta)}$ 與實際的正弦波信號 $A \cos(\omega_0 t + \theta)$ 有兩種不同的關係，第一種是取其實數部份

$$f(t) = A \cos(\omega_0 t + \theta) = Re \tilde{f}(t)$$

$$= Re A e^{j(\omega_0 t + \theta)} \dots\dots\dots\dots\dots\dots\dots\dots(3.4)$$

第二種是將 $\tilde{f}(t)$ 的一半與共軛複數 $\tilde{f}^*(t)$ 的一半加在一起，以下式表示

$$A \cos(\omega_0 t + \theta) = \frac{1}{2}\tilde{f}(t) + \frac{1}{2}\tilde{f}^*(t)$$

$$= \frac{1}{2}A e^{j(\omega_0 t + \theta)} + \frac{1}{2}A e^{-j(\omega_0 t + \theta)} \dots\dots\dots\dots(3.5)$$

圖 3.1 以圖解說明兩種不同的步驟。

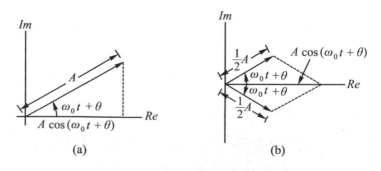

(a)　　　　　(b)

圖 3.1　正弦波信號的相量表示

公式(3.4)及(3.5)中的正弦波信號 $f(t)$ 是在時間領域中表示。同樣地，正弦波信號 $f(t)$ 也可以在頻率領域中以兩種等效方法表示，只要旋轉相量信號在特殊頻率 f_0 之下的參數 A 及 θ 被給予，則 $Ae^{j\theta}$ 對頻率的大小及角度可完全地將 $\tilde{f}(t)$ 信號特性表示出來。對於只有單一的正弦波信號，$\tilde{f}(t)$ 只存在於單一頻率 f_0 處，在圖上表示則為單一直線。如圖 3.2 (a)所示是信號 $f(t) = A\cos(\omega_0 t + \theta)$ 的振幅及相位頻譜，這是公式(3.4)在頻率領域中的表示。因為圖 3.2(a)只存於正頻率，所以此圖又稱為 $f(t)$ 的單邊(single-sided)振幅及相位頻譜。假如一個信號是由 n 個不同頻率的正弦波組合而成，則單邊頻譜上包含有 n 條線譜(line spectra)。

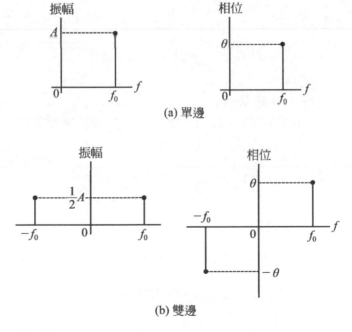

圖 3.2　信號 $A\cos(\omega_0 t + \theta)$ 的振幅及相位頻譜

公式(3.5)中，共軛複數相量的振幅及相位與頻率的關係，可使$f(t)$在另一種頻率領域中被表示出來，圖 3.2(b)是雙邊(double-sided)振幅及相位頻譜。從圖 3.2(b)可觀察兩項重要的特性，首先是由於共軛複數相量的被加入，在負頻率 $f = -f_0$ 亦有線譜存在，但振幅均減半。其次注意到振幅頻譜以 $f = 0$ 軸為中心，形成偶對稱，相位頻譜以 $f = 0$ 軸為中心，形成奇對稱。

綜合以上可知，對 $f(t) = A \cos(\omega_0 t + \theta)$ 信號而言，圖 3.2(a)及 3.2(b)兩圖是等效的頻譜表示，我們將在**傅利葉級數**及**傅利葉轉換**中使用到這些頻譜圖以表示更複雜的信號。

例 3.1　(a)劃出信號 $f(t)$ 的單邊及雙邊的頻譜。

$$f(t) = 2 \sin\left(10\pi t - \frac{1}{6}\pi\right)$$

(b)假如信號 $y(t)$ 超過一個正弦波分量，將含有多條線譜。

$$y(t) = 2 \sin\left(10\pi t - \frac{1}{6}\pi\right) + \cos(20\pi t)$$

解　(a)信號 $f(t)$ 可寫成為

$$f(t) = 2 \cos\left(10\pi t - \frac{1}{6}\pi - \frac{1}{2}\pi\right)$$

$$= 2 \cos\left(10\pi t - \frac{2}{3}\pi\right)$$

$$= Re\, 2e^{j\left(10\pi t - \frac{2\pi}{3}\right)}$$

$$= e^{j\left(10\pi t - \frac{2\pi}{3}\right)} + e^{-j\left(10\pi t - \frac{2\pi}{3}\right)}$$

因此單邊及雙邊的頻譜如圖 3.2 所示，其中 $A = 2$，$\theta = -2\pi/3$ 及 $f_0 = 5$ Hz。

(b)信號 $y(t)$ 可寫成

$$y(t) = 2 \cos \left(10\pi t - \frac{2\pi}{3} \right) + \cos (20\pi t)$$

$$= Re \left[2e^{j\left(10\pi t - \frac{2\pi}{3}\right)} + e^{j20\pi t} \right]$$

$$= e^{j\left(10\pi t - \frac{2\pi}{3}\right)} + e^{j\left(10\pi t - \frac{2\pi}{3}\right)} + \frac{1}{2}e^{j20\pi t} + \frac{1}{2}e^{-j20\pi t}$$

它的單邊振幅頻譜在 $f = 5$ Hz 的振幅線譜是 2 及在 $f = 10$ Hz 的振幅線是 1。單邊相位頻譜只在 $f = \pm 5$ Hz 有振幅線 譜 $-2\pi/3$。

雙邊振幅線譜在 $f = \pm 5$ Hz 的振幅是 1 及 $f = \pm 10$ Hz 的振幅是 1/2。 雙邊相位頻譜是在 $f = \pm 5$ Hz 有振幅線譜 $-2\pi/3$。

3.2　三角傅利葉級數

我們已知任何信號均能以時間的函數來描述或以頻譜來表示，而每 一信號中頻率分量的振幅及相位以頻譜來表示，能迅速且完整地將信號 的特性顯示出來。

對於週期的信號 $g(t)$ 如圖 3.3 所示，可表示為

$$g(t) = g(t + T_0)，T_0 \neq 0 ....(3.6)$$

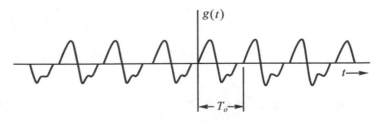

圖 3.3　一個週期信號

公式(3.6)中的T_0被稱爲週期，反複頻率(repetition frequency) f_0 是週期的倒數$(1/T_0)$。週期信號的範圍從$t = -\infty$到$t = \infty$。

我們假定週期信號$g(t)$是由許多頻率 0 , f_0 , $2f_0$, $\cdots$, nf_0 的正弦波分量相加而成，於是$g(t)$爲

$$
\begin{aligned}
g(t) &= a_0 + a_1 \cos 2\pi f_0\, t + a_2 \cos 2(2\pi f_0\,)t + \cdots \\
&\quad + a_K \cos 2\pi K f_0\, t + b_1 \sin 2\pi f_0\, t + b_2 \sin 2(2\pi f_0\,)t \\
&\quad + \cdots b_K \sin 2\pi K f_0\, t \\
&= a_0 + \sum_{n=1}^{K} [a_n \cos 2\pi n f_0\, t + b_n \sin 2\pi n f_0\, t] \quad\text{.......................(3.7a)}
\end{aligned}
$$

將(3.7a)式代入(3.6)式，立刻可得

$$
\begin{aligned}
g(t + T_0) &= a_0 + \sum_{n=1}^{K} [a_n \cos 2\pi n f_0\, (t + T_0) \\
&\qquad + b_n \sin 2\pi n f_0\, (t + T_0)] \\
&= a_0 + \sum_{n=1}^{K} [a_n \cos (2\pi n f_0\, t + 2\pi n) \\
&\qquad + b_b \sin (2\pi n f_0\, t + 2\pi n) \\
&= a_0 + \sum_{n=1}^{K} [a_n \cos 2\pi n f_0\, t + b_n \sin 2\pi n f_0\, t] \\
&= g(t)
\end{aligned}
$$

因此，頻率爲 0 , f_0 , $2f_0$, $\cdots$, nf_0 的正弦波信號的組合是一個週期爲T_0的週期信號，於是很清楚地看出，只要改變(3.7a)式的a_n及b_n等值我們就能構成不同的週期信號。

上面所述的結果，其逆式也是成立的。週期爲T_0的任一週期信號能由頻率 f_0 及其倍數的正弦波信號相加而表示，其中頻率 0 是直流，頻率

f_0 被稱為基頻(fundamental frequency)，頻率 nf_0 被稱為第 n 個諧波 (harmonic)頻率。為了方便，我們令(3.7a)式中的 $2\pi f_0 = \omega_0$，於是產生

$$g(t) = a_0 + \sum_{n=1}^{K} [a_n \cos n\omega_0 t + b_n \sin n\omega_0 t] \dots\dots\dots\dots\dots(3.7b)$$

為了決定(3.7b)式的係數 a_n 及 b_n，我們必須先知下列三角恆等式

$$\int_{t_0}^{t_0 + T_0} \cos K\omega_0 t \cos n\omega_0 t\, dt = \begin{cases} 0 & K \neq n \\ \dfrac{T_0}{2} & K = n \end{cases}$$

$$\int_{t_0}^{t_0 + T_0} \sin K\omega_0 t \sin n\omega_0 t\, dt = \begin{cases} 0 & K \neq n \\ \dfrac{T_0}{2} & K = n \end{cases}$$

$$\int_{t_0}^{t_0 + T_0} \sin K\omega_0 t \cos n\omega_0 t\, dt = 0 \dots\dots\dots\dots\dots\dots\dots(3.8)$$

對(3.7b)兩邊從 t_0 到 $t_0 + T_0$ 一個週期積分，可得到 a_0

$$a_0 = \frac{1}{T_0} \int_{t_0}^{t_0 + T_0} g(t)\, dt \dots\dots\dots\dots\dots\dots\dots\dots(3.9a)$$

接著我們對(3.7b)式兩邊乘上 $\cos K\omega_0 t$ 然後在一個週期 t_0 至 $t_0 + T_0$ 中積分，可得係數 a_n

$$a_n = \frac{2}{T_0} \int_{t_0}^{t_0 + T_0} g(t) \cos n\omega_0 t\, dt \dots\dots\dots\dots\dots\dots(3.9b)$$

同樣地，我們對(3.7b)式兩邊乘上 $\sin n\omega_0 t$，然後在一個週期 t_0 至 $t_0 + T_0$ 中積分，可得到係數 b_n

$$b_n = \frac{2}{T_0} \int_{t_0}^{t_0 + T_0} g(t) \sin n\omega_0 t\, dt \dots\dots\dots\dots\dots\dots(3.9c)$$

(3.9)式中的t_0為任意值，習慣上為零。

將公式(3.7)以**三角傅利葉級數**(trigonometric Fourier series)表示將更簡潔及有意義，如下式所示

$$g(t) = c_0 + \sum_{n=1}^{\infty} c_n \cos(n\omega_0 t + \theta_n) \dots\dots(3.10)$$

其中
$$c_0 = a_0$$

$$c_n = \sqrt{a_n^2 + b_n^2}$$

$$\theta_n = -\tan^{-1}\frac{b_n}{a_n} \dots\dots(3.11)$$

於是(3.10)式中第n個諧波$c_n \cos(n\omega_0 t + \theta_n)$的振幅為$c_n$及相位為$\theta_n$。我們能畫出大小(magnitude)頻譜($c_n$對$\omega$)及相位頻譜($\theta_n$對$\omega$)以表示一個週期波信號。

例 **3.2**　找出圖3.4中週期信號$g(t) = e^{-t}$的**三角傅利葉級數**。

解　從圖3.4看出
$$T_0 = \frac{1}{2}，f_0 = 2 及 \omega_0 = 2\pi f_0 = 4\pi$$

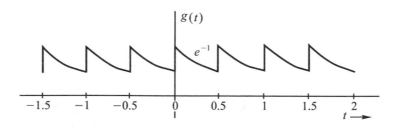

圖3.4　一個週期信號

因此傅利葉級數含有的頻率為$0, 2, 4, 6, \cdots$或角頻率為$0，4\pi$，$8\pi，12\pi，\cdots$於是

$$g(t) = a_0 + \sum_{n=1}^{\infty} [a_n \cos 4\pi nt + b_n \sin 4\pi nt] \quad\text{......................}(3.12)$$

此處

$$a_0 = 2 \int_0^{1/2} e^{-t} dt = 0.79$$

$$a_n = 4 \int_0^{1/2} e^{-t} \cos 4\pi nt\, dt = 0.79 \left(\frac{2}{1 + 16\pi^2 n^2} \right)$$

$$b_n = 4 \int_0^{1/2} e^{-t} \sin 4\pi nt\, dt = 0.79 \left(\frac{8\pi n}{1 + 16\pi^2 n^2} \right)$$

而三角傅利葉級數為

$$g(t) = c_0 + \sum_{n=1}^{\infty} c_n \cos (4\pi nt + \theta_n)$$

將(3.12)式所得的係數a_0、a_n、b_n代入(3.11)式，可得

$$c_0 = a_0$$

$$c_n = 0.79 \left(\frac{2}{\sqrt{1 + 16\pi^2 n^2}} \right)$$

$$\theta_n = -\tan^{-1}(4\pi n)$$

週期信號$g(t)$的大小及相位的頻譜如圖 3.5 所示。

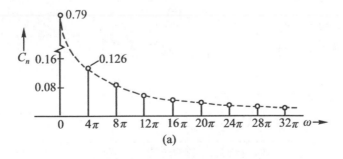

圖 3.5　週期信號$g(t) = e^{-t}$的大小及相位頻譜

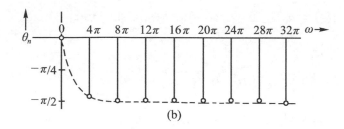

(b)

圖 3.5 週期信號$g(t) = e^{-t}$的大小及相位頻譜(續)

例 3.3 找出圖 3.6(a)中長方形脈波$k(t)$的三角傅利葉級數。

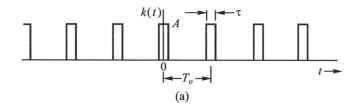

(a)

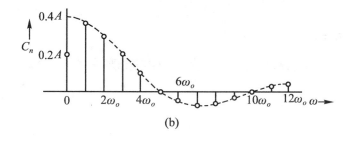

(b)

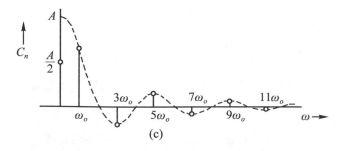

(c)

圖 3.6 長方形脈波串及其頻譜

解 此圖中的週期是 T_0，$f_0 = 1/T_0$，$\omega_0 = 2\pi f_0$

$$K(t) = a_0 + \sum_{n=1}^{\infty} (a_n \cos n\omega_0 t + b_n \sin n\omega_0 t)$$

$$a_0 = \frac{1}{T_0} \int_{-T_0/2}^{T_0/2} K(t)dt = \frac{1}{T_0} \int_{-\tau/2}^{\tau/2} A dt = \frac{A\tau}{T_0}$$

$$a_n = \frac{2}{T_0} \int_{-\tau/2}^{\tau/2} A \cos n\omega_0 t dt = \frac{2A}{\pi n} \sin \frac{n\pi\tau}{T_0}$$

$$b_n = \frac{2}{T_0} \int_{-\tau/2}^{\tau/2} A \sin n\omega_0 t dt = 0$$

而三角傅利葉級數為

$$K(t) = c_0 + \sum_{n=1}^{\infty} c_n \cos(n\omega_0 + \theta_n) \quad\dots\dots\dots\dots\dots\dots (3.13a)$$

此處係數是

$$c_0 = \frac{A\tau}{T_0} \quad\dots\dots\dots\dots\dots\dots\dots\dots\dots\dots\dots\dots\dots\dots (3.13b)$$

$$c_n = \frac{2A}{\pi n} \sin\left(\frac{n\pi\tau}{T_0}\right) \quad\dots\dots\dots\dots\dots\dots\dots\dots\dots (3.13b)$$

$$\theta_n = 0 \quad\dots\dots\dots\dots\dots\dots\dots\dots\dots\dots\dots\dots\dots\dots\dots (3.13c)$$

這例題中的脈波寬度 $\tau = T_0/5$，C_n 的大小頻譜畫於圖 3.6(b)。

　　一個方波脈波串是長方形脈波串的特別情況，此時脈波寬度 $\tau = T_0/2$，因此可得到係數

$$c_0 = \frac{A}{2}$$

$$c_n = \begin{cases} \dfrac{2A}{\pi} \dfrac{(-1)^{(n-1)/2}}{n} & n \text{ 是奇數時} \\ 0 & n \text{ 是偶數時} \end{cases} \quad\dots\dots\dots\dots\dots (3.14a)$$

將此係數代入(3.13a)式，其傅利葉級數為

$$K(t) = \frac{A}{2} + \frac{2A}{\pi} \sum_{n=1,3,5,\cdots}^{\infty} \frac{(-1)^{(n-1)/2}}{n} \cos n\omega_0 t \cdots\cdots\cdots\cdots (3.14b)$$

$$= \frac{A}{2} \left[1 + \frac{4}{\pi} \left(\cos \omega_0 t - \frac{1}{3} \cos 3\omega_0 t + \frac{1}{5} \cos 5\omega_0 t \right.\right.$$

$$\left.\left. - \frac{1}{7} \cos 7\omega_0 t + \cdots \right) \right] \cdots\cdots\cdots\cdots\cdots (3.14c)$$

圖 3.6(c)顯示其大小頻譜。

　　另外一個特別值得注意的情況是當脈波寬度$\tau \to 0$及$A \to \infty$，以致$A\tau = 1$，在這種情況下，圖 3.6(a)中的每一脈波變成為單位長度的脈衝 (impulse)，以圖 3.7(a)顯示其單位脈衝串。單位脈衝串以下式表示

$$K(t) = \sum_{n=-\infty}^{\infty} \delta(t - nT_0) = c_0 + \sum_{n=1}^{\infty} c_n \cos n\omega_0 t \cdots\cdots\cdots\cdots (3.15a)$$

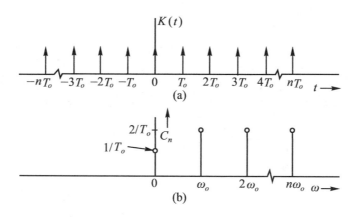

圖 3.7　脈衝串及頻譜

利用$A\tau = 1$及$\tau \to 0$代入(3.13b)式，可得

$$c_0 = \frac{A\tau}{T_0} = \frac{1}{T_0} \cdots\cdots\cdots\cdots\cdots\cdots\cdots\cdots\cdots\cdots\cdots\cdots (3.15b)$$

$$c_n = \lim_{\tau \to 0} \frac{2A}{\pi n} \sin\left(\frac{n\pi\tau}{T_0}\right)$$

$$= \lim_{\tau \to 0} \frac{2}{T_0} \frac{\sin\left(\dfrac{n\pi\tau}{T_0}\right)}{\left(\dfrac{n\pi\tau}{T_0}\right)}$$

$$= \frac{2}{T_0} \text{...(3.15c)}$$

因此

$$\sum_{n=-\infty}^{\infty} \delta(t-nT_0) = \frac{1}{T_0}[1 + 2(\cos \omega_0 t + \cos 2\omega_0 t + \cdots$$

$$+ \cos n\omega_0 t + \cdots]\text{.................................(3.15b)}$$

公式(3.16d)的頻譜如圖3.7(b)所示，除了直流分量振幅是$1/T_0$，其餘所有頻率分量的振幅均是$2/T_0$。

3.3　指數傅利葉級數

因為角頻率$n\omega_0$的正弦波信號能以指數信號$e^{jn\omega_0 t}$及$e^{-jn\omega_0 t}$表示，因此一個週期為T_0的週期信號$g(t)$亦能以指數級數組成，表示如下

$$g(t) = G_0 + G_1 e^{j\omega_0 t} + G_2 e^{j2\omega_0 t} + \cdots + G_n e^{jn\omega_0 t} + \cdots$$

$$+ G_{-1} e^{-j\omega_0 t} + G_{-2} e^{-j2\omega_0 t} + \cdots + G_{-n} e^{-jn\omega_0 t}\text{...............(3.16a)}$$

於是一個週期信號$g(t)$亦能以下式表示

$$g(t) = \sum_{n=-\infty}^{\infty} G_n e^{jn\omega_0 t}, \quad \omega_0 = 2\pi f_0 = \frac{2\pi}{T_0}\text{.................................(3.16)}$$

上式兩邊同時被乘以$e^{-jk\omega_0 t}$及在一個週期(t_0, t_0+T_0)內積分，可得到級數的係數G_n，分別表示如下

$$\int_{t_0}^{t_0 + T_0} g(t)e^{-jn\omega_0 t} dt = \sum_{n=-\infty}^{\infty} G_n \int_{t_0}^{t_0 + T_0} e^{j(n-k)\omega_0 t} dt \quad\text{......................(3.17)}$$

計算(3.17)式右邊的積分，我們須用以下的結果

$$\int_{t_0}^{t_0 + T_0} e^{j(n-k)\omega_0 t} dt = \begin{cases} 0 & n \neq k \\ T_0 & n = k \end{cases} \quad\text{...............................(3.18)}$$

將(3.18)式代入(3.17)式產生

$$G_n = \frac{1}{T_0} \int_{t_0}^{t_0 + T_0} g(t)e^{-jk\omega_0 t} dt \quad\text{..................................(3.19)}$$

　　總之，一個週期信號$g(t)$能以公式(3.16)表示其**指數傅利葉級數**，以公式(3.19)得到其係數。值得注意的是**三角**及**指數傅利葉級數**並非兩種不同的級數，而只是以不同的方式表示而已。兩種級數的係數可從對方而求得，從(3.9)式及(3.19)式得到它們之間的關係

$$a_0 = G_0$$

$$\left.\begin{aligned} a_n &= G_n + G_{-n} \\ b_n &= j(G_n - G_{-n}) \end{aligned}\right\} n \neq 0$$

及

$$\left.\begin{aligned} G_n &= \frac{1}{2}(a_n - jb_n) \\ G_{-n} &= \frac{1}{2}(a_n + jb_n) \end{aligned}\right\} n \neq 1 \quad\text{......................(3.20)}$$

對於實數$g(t)$而言，(3.9)式中的a_n及b_n是實數，係數G_n及G_{-n}卻是共軛數。

$$G_{-n} = G_n^* \quad\text{...(3.21)}$$

例 3.4 找出圖 3.4 中週期信號 $g(t) = e^{-t}$ 的指數傅利葉級數及畫出其對應的頻譜。

解 從圖 3.4 中可看出 $T = 1/2$，$f_o = 2$，$\omega_0 = 4\pi$，然後從 (3.16) 式及 (3.19) 式可得

$$g(t) = \sum_{n=-\infty}^{\infty} G_n e^{j4\pi nt}$$

其中的係數 G_n 是

$$G_n = 2 \int_0^{1/2} e^{-t} e^{-j4\pi nt} dt$$

$$= 2 \int_0^{1/2} e^{-(1+j4\pi n)t} dt$$

$$= \frac{0.79}{1 + j4\pi n}$$

利用以下的關係

$$G_n = |G_n| e^{j\theta_n}$$

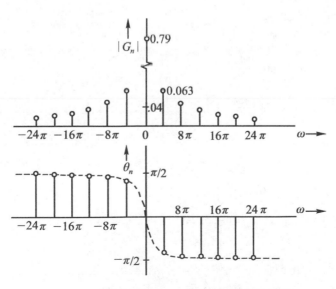

圖 3.8 週期信號 $g(t) = e^{-t}$ 的大小及相位頻譜

$$G_{-n} = |G_n|e^{-j\theta_n} \quad\text{..}(3.22)$$

於是大小(magnitude)$|G_n|$及相位θ_n分別是

$$|G_n| = \frac{0.79}{\sqrt{1 + 16\pi^2 n^2}}$$

$$\theta_n = -\tan^{-1}(4\pi n)$$

$|G_n|$對ω的大小頻譜及θ_n對ω的相位頻譜被顯示於如圖 3.8，我們從圖 3.8 中可發現大小頻譜是偶函數及相位頻譜是奇函數，可與圖 3.5 三角傅利葉級數的頻譜互相比較。

例 3.5 找出圖 3.6(a)中長方形脈波串信號$K(t)$的指數傅利葉級數及畫出頻譜。

解 從圖 3.6(a)中知$K(t)$

$$K(t) = \sum_{n=-\infty}^{\infty} K_n e^{jn\omega_0 t}$$

而係數

$$K_n = \frac{1}{T_0} \int_{-\tau/2}^{\tau/2} A e^{-jn\omega_0 t} dt$$

$$= \frac{A}{\pi n} \sin \frac{n\omega_0 t}{2}$$

$$= \frac{A}{\pi n} \sin\left(\frac{n\pi\tau}{T_0}\right) \quad\text{..}(3.23)$$

當脈波寬度$\tau = T_0/5$，其大小頻譜如圖 3.9(a)所示，當$\tau = T_0/2$時之方形脈波，其$K_n = (A/\pi n)\sin(n\pi/2)$及$K_n$與$\omega$的大小頻譜如圖 3.9(b)所示，可與圖 3.6(c)相比較。對於單位脈衝$\tau \to 0$及$A\tau = 1$，從(3.23)式可得係數

$$K_n = \lim_{\tau \to 0} \frac{1}{T_0} \frac{\sin\left(\dfrac{n\pi\tau}{T}\right)}{\left(\dfrac{n\pi\tau}{T}\right)} = \frac{1}{T_0} \quad\text{...}(3.24a)$$

及

$$\sum_{n=-\infty}^{\infty} \delta(t-nT_0) = \frac{1}{T_0} \sum_{n=-\infty}^{\infty} e^{jn\omega_0 t} \quad \omega_0 = \frac{2\pi}{T_0} \dots\dots\dots\dots\dots (3.24b)$$

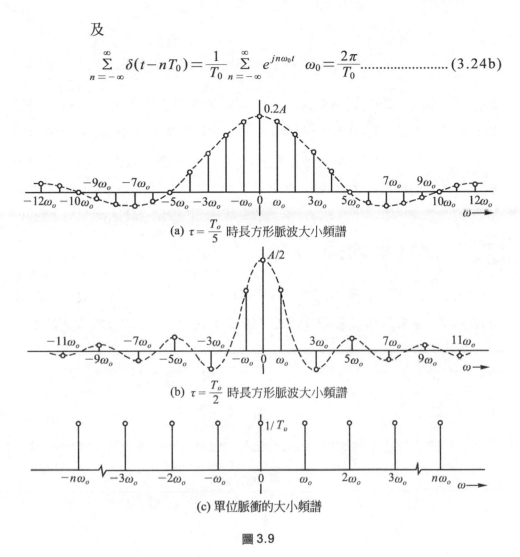

(a) $\tau = \dfrac{T_o}{5}$ 時長方形脈波大小頻譜

(b) $\tau = \dfrac{T_o}{2}$ 時長方形脈波大小頻譜

(c) 單位脈衝的大小頻譜

圖 3.9

圖 3.9(c)是單位脈衝的大小頻譜,其頻譜分量爲$n\omega_0$,n從
$-\infty$至∞,振幅均爲$1/T_0$,可與圖 3.7(b)三角傅利葉級數頻
譜互相比較。

從以上的討論得知,指數傅利葉級數的係數G_n與三角傅利葉級數的
係數C_n有下列關係

$$C_0 = G_0$$
$$C_n = 2|G_n| = |G_n| + |G_{-n}| \quad n \geq 1 \text{..(3.25)}$$

指數傅利葉級數的頻譜是雙邊的，含有負頻的部份會把人搞迷糊，但需要理解的是這僅是數學模式導出的結果，因爲我們將正弦波信號$\cos n\omega_0 t$ $= 1/2\ (e^{-jn\omega_0 t} + e^{-jn\omega_0 t})$代入傅利葉級數中。在下節中我們將利用這套特殊公式來導出傅利葉轉換對。

3.4 傅利葉轉換

對於非週期信號$g(t)$能從一個週期信號$g_p(t)$加以限制而取得，這週期信號$g_p(t)$是每T_0秒重複$g(t)$而成，如圖 3.10 所示。當週期T_0是無限大時，週期信號$g_p(t)$就成爲非週期信號$g(t)$，即

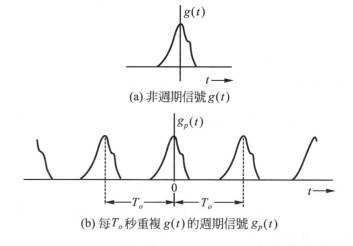

(a) 非週期信號 $g(t)$

(b) 每T_o秒重複 $g(t)$ 的週期信號 $g_p(t)$

圖 3.10

$$\lim_{T \to \infty} g_p(t) = g(t)$$

但對週期信號 $g_p(t)$ 我們能以指數傅利葉級數表示

$$g_p(t) = \sum_{n=-\infty}^{\infty} G_n e^{jn\omega_0 t} \quad\text{...(3.26a)}$$

其係數爲

$$G_n = \frac{1}{T_0} \int_{-T_0/2}^{T_0/2} g_p(t) e^{-jn\omega_0 t} dt \quad\text{...(3.26b)}$$

將 (3.26b) 式代入 (3.26a) 式可得

$$g_p(t) = \sum_{n=-\infty}^{\infty} \left[\frac{1}{T_0} \int_{-T_0/2}^{T_0/2} g_p(t) e^{-jn\omega_0 t} dt \right] e^{jn\omega_0 t}$$

$$|t| < \frac{T_0}{2} \quad\text{...(3.26c)}$$

我們知道當 $T_0 \to \infty$ 時，頻率 $\omega_0 \to 0$，或者較準確的描述 ω_0 爲無限小或微量以 $d\omega$ 表示，又因爲 n 是整數，可爲任一正值或負值，所以 $n\omega_0$ 這個量可看成近似於連續變數 ω，於是在週期 T_0 趨近於 ∞ 之極限下，無限小量的總和可用積分來表示，即

$$g(t) = \lim_{T_0 \to \infty} g_p(t)$$

$$= \frac{1}{2\pi} \int_{-\infty}^{\infty} \left[\int_{-\infty}^{\infty} g(t) e^{-j\omega t} dt \right] e^{j\omega t} d\omega \quad\text{.................................(3.26d)}$$

我們將括號內之項，看成頻率之函數，定義它爲 $G(\omega)$，於是 $g(t)$ 的積分轉換，稱之爲傅利葉轉換(Fourier transform)，以下式表示

$$G(\omega) = \int_{-\infty}^{\infty} g(t) e^{-j\omega t} dt \quad\text{.......................................} (3.27a)$$

傅利葉轉換適用於滿足底律克條件的信號，僅有的不同是$g(t)$必須在所有時間內均能積分。$g(t)$的反傅利葉轉換(inverse Fourier transform)可由將(3.27a)式中的$G(\omega)$代入(3.26d)式，即得

$$g(t) = \frac{1}{2\pi} \int_{-\infty}^{\infty} G(\omega) e^{j\omega t} d\omega \quad\text{.......................................} (3.27b)$$

(3.27a及b)式通常被稱為傅利葉轉換對，$G(\omega)$是$g(t)$的傅利葉轉換，也就是代表$g(t)$的頻譜，且這頻譜對所有ω值是連續的。$g(t)$是$G(\omega)$的反傅利葉轉換，它們之間可以符號$\mathcal{F}[\ ]$來表示傅利葉轉換的運算，即

$$G(\omega) = \mathcal{F}[g(t)] \quad\text{.......................................} (3.28a)$$
$$g(t) = \mathcal{F}^{-1}[G(\omega)] \quad\text{.......................................} (3.28b)$$

或是以符號 ↔ 來表示傅利葉轉換，於是

$$g(t) \leftrightarrow G(\omega) \quad\text{.......................................} (3.28c)$$

例 3.6　找出圖3.11(a)單邊指數脈波$e^{-at}u(t)$的傅利葉轉換。

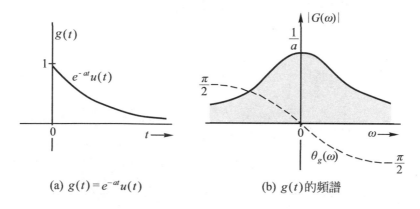

(a) $g(t) = e^{-at}u(t)$　　　　(b) $g(t)$的頻譜

圖 3.11

解　$g(t) = e^{-at}u(t)$

於是$g(t)$的傅利葉轉換$G(\omega)$為

$$G(\omega) = \int_{-\infty}^{\infty} e^{-at}u(t)e^{-j\omega t}dt$$

$$= \int_{-\infty}^{\infty} e^{-(a+j\omega)t}dt$$

$$= \frac{1}{a+j\omega} \quad a > 0$$

$$= \frac{1}{\sqrt{a^2+\omega^2}} e^{-\tan^{-1}(\omega/a)}$$

因此

$$|G(\omega)| = \frac{1}{\sqrt{a^2+\omega^2}} \quad 及 \quad \theta_g(\omega) = -\tan^{-1}\frac{\omega}{a}$$

大小頻譜$|G(\omega)|$及相位頻譜$\theta_g(\omega)$如圖 3.11(b)所示。

值得注意的是只有在$a > 0$時，$G(\omega)$的積分才收斂，若$a < 0$時，傅利葉轉換是不存在的，根據這個事實，我們可說$a < 0$時，$g(t)$是絕對不能積分的。因此一般來說傅利葉轉換存在的條件是

$$\int_{-\infty}^{\infty} |g(t)|dt < \infty$$

3.5　奇特函數

通訊系統中的分析與合成(synthesis)通常是用單階函數$u(t)$(unity-step function)及單位脈衝函數$\delta(t)$(unity-impulse function)等奇特(singularity)函數來描述其性能。嚴格地說，在物理系統中奇特函數並不會發生，它只是理想的數學模式。可是在信號分析裏卻十分有用，因

為對於有限制條件的物理系統，可用奇特函數做為很好的近似(approximation)描述。因此我們可藉著奇特函數簡單的數學形式及性質，來描述或解決那些複雜及難以表示的信號。

對我們最重要的奇特函數就是單階函數及單脈衝函數，分述如下：

單階函數

當一個函數在對應參數為負時其值為零，參數為零時有一不連續點，當其值為正時有一個非零的定值，這個函數我們定義為單階函數，參數的形式可為$t-t_0$，以數學型式定義如下：

$$u(t-t_0) \triangleq \begin{cases} 1 & t > t_0 \\ 0 & t < t_0 \end{cases} \quad\text{.. (3.29a)}$$

它的非零定值能被調整為相當的係數A，因此圖 3.12(a)的階梯函數以下式表示

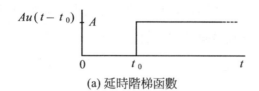

(a) 延時階梯函數

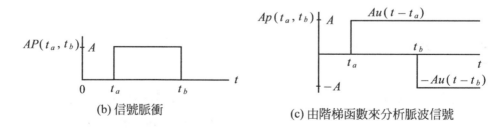

(b) 信號脈衝

(c) 由階梯函數來分析脈波信號

圖 3.12　單階函數的性質及應用

$$Au(t-t_0) = \begin{cases} A & t > t_0 \\ 0 & t < t_0 \end{cases} \dots\dots\dots\dots\dots\dots\dots\dots\dots\dots\text{(3.29b)}$$

在表示非週期信號時，單階函數常被用到，例如圖 3.12(b)的脈波函數 $Ap\,(t_a\,,\,t_b)$能以下式表示：

$$Ap(t_a\,,\,t_b) = \begin{cases} 0 & t < t_a \\ A & t_a < t < t_b \\ 0 & t > t_b \end{cases} \dots\dots\dots\dots\dots\dots\dots\text{(3.29c)}$$

或者以階梯函數表示

$$Ap(t_a\,,\,t_b) = A[u(t-t_a)-u(t-t_b)] \dots\dots\dots\dots\dots\dots\dots\text{(3.29d)}$$

上式以圖3.12(c)表示。

單位脈衝函數

單階函數的微分除不連續點外均為零，這個點就是$u(t)$沒加以定義的地方，即$t = t_0$時，由繪圖的觀點來說，這個微分值在這點有個無窮大值，而其餘各點均為零，因此有些作者就以這個關係來定義δ函數，即

$$\delta(t) = \frac{d}{dt}[u(t-t_0)] = \begin{cases} 0 & t \neq t_0 \\ \infty & t = t_0 \end{cases} \dots\dots\dots\dots\dots\text{(3.30a)}$$

不過是上式只是個直覺的描述，並非實質的數學化，δ函數的數學特性為

$$\delta(t-t_0) = 0 \quad t \neq t_0 \dots\dots\dots\dots\dots\dots\dots\dots\dots\dots\text{(3.30b)}$$

$$\int_{t_1}^{t_2} \delta(t-t_0)dt = \begin{cases} 1 & t_1 < t_0 < t_2 \\ 0 & t_0 < t_1 \text{ 或 } t_0 > t_2 \end{cases} \dots\dots\dots\dots\text{(3.30c)}$$

$$\int_{-\infty}^{\infty} f(t)\delta(t-t_0)dt = f(t_0) \dots\dots\dots\dots\dots\dots\dots (3.30\text{d})$$

最後一式(3.30d)有效地證明$f(t)$在t_0是連續的，這式子就是熟知的δ函數的篩選(sifting)性質。(3.30b)式是直覺地由(3.30a)式而來，而(3.30c)式則指出δ函數有個單位面積。其實我們亦可由直覺的觀點來描述這性質，我們來看圖3.13中的幾個圖，它們是一連串的脈波，每個脈波都有單位面積，但其頻寬則逐次地縮窄，由於單位面積的要求可知它們的振幅與寬度成正比，當寬度趨近於零時，振幅則近於無窮大。脈波函數僅是近於δ函數的許多函數中的一種罷了，這些函數都有各自的限制環境。

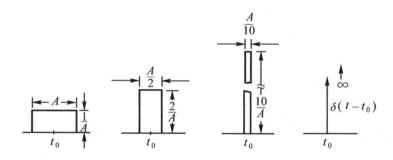

圖 3.13　δ函數直覺的趨近法

例 3.7　計算及畫出圖3.14(a)中長方形脈波的微分。

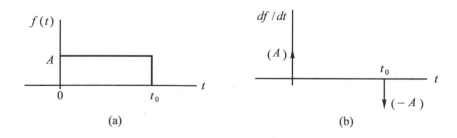

圖 3.14　長方形脈波及它的微分

解 藉著階梯函數寫出脈波的公式，於是

$$f(t) = Au(t) - Au(t - t_0)$$

其微分為

$$\frac{df}{dt} = A\delta(t) - A\delta(t - t_0)$$

它所對應的圖，以圖2.14(b)表示。

大體言之，我們常用到的是δ函數的篩選性質，即(3.30d)式，我們將此性質用於各種不同的應用上，諸如導出傳利葉轉換對、決定線性系統單脈衝信號的反應及以圖來表示調幅信號的頻譜等等。

3.6　脈衝響應

一線性系統以時間領域及頻率領域來描述，在時間領域中，將一具有單位面積的δ函數當做輸入時，所得到的輸出波形響應，稱為單位脈衝響應(unit impulse response)$h(t)$，$h(t)$可定義為

$$h(t) \triangleq \mathcal{F}\{\delta(t)\} \quad\text{...(3.31)}$$

值得注意的是頻率領域中的特性以系統函數(system function)$H(\omega)$描述，它是$h(t)$的傳利葉轉換式，即

$$h(t) \longleftrightarrow H(\omega) \quad\text{...(3.32)}$$

例 3.8 決定圖3.15(a)中系統的脈衝響應。

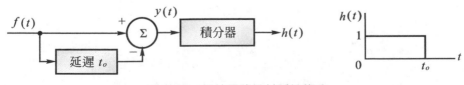

圖 3.15　保持電路及其脈衝響應

解 首先令輸入信號 $f(t) = \delta(t)$，於是

$y(t) = \delta(t) - \delta(t - t_0)$ 及

$h(t) = \int_{-\infty}^{t} [\delta(\tau) - \delta(\tau - t_0)]d\tau = u(t) - u(t - t_0)$

這是在脈波系統中經常被使用的保持電路(holding ciruit)例子，它的脈波響應如圖3.6(b)所示。

3.7 傅利葉轉換的性質

重疊(superposition)

假如 $G_1(\omega)$ 是 $g_1(t)$ 的傅利葉轉換，$G_2(\omega)$ 是 $g_2(t)$ 的傅利葉轉換，則

$$g_1(t) + g_2(t) \leftrightarrow G_1(\omega) + G_2(\omega) \dots\dots\dots\dots\dots\dots\dots(3.33)$$

重疊性質簡單地指出傅利葉轉換是一種線性運算。

對稱(symmetry)

若 $G(\omega)$ 為 $g(t)$ 之傅利葉轉換，則 $G(t)$ 之傅利葉轉換為 $2\pi g(-\omega)$，即

$$G(t) \leftrightarrow 2\pi g(-\omega) \dots\dots\dots\dots\dots\dots\dots\dots\dots\dots(3.34)$$

對稱性質的證明可由直接改變傅利葉轉換的變數，即

$$2\pi g(-t) = \int_{-\infty}^{\infty} G(x)e^{-jxt}dt$$

此處 x 為啞變數，我們以 ω 取代 t，且以 t 取代 x，於是可得

$$2\pi g(-\omega) = \int_{-\infty}^{\infty} G(t)e^{-j\omega t}dt$$

例 3.9　利用對稱性質，顯示

$$\frac{1}{a+jt} \leftrightarrow 2\pi e^{-a\omega}u(-\omega)$$

解　從例題 3.6 知單邊指數信號的傳利葉轉換為

$$e^{-at}u(t) \leftrightarrow \frac{1}{a+j\omega}$$

將(3.34)式代入，即可得

$$\frac{1}{a+jt} \leftrightarrow 2\pi e^{-a\omega}u(-\omega) \quad ....(3.35)$$

另外我們以圖 3.16 來說明對稱性質。

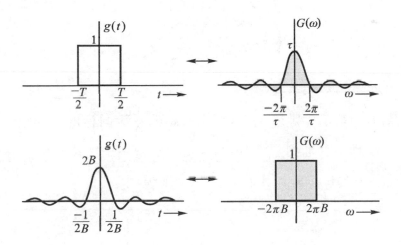

圖 3.16　傳利葉轉換的對稱性質

時標(time scaling)

若

$$g(t) \leftrightarrow G(\omega)$$

然後對任一實數 a

$$g(at) \leftrightarrow \frac{1}{|a|} G\left(\frac{\omega}{a}\right) \dots\dots\dots\dots\dots\dots\dots\dots(3.36)$$

證明

$$\mathcal{F}[g(at)] = \int_{-\infty}^{\infty} g(at)e^{-j\omega t}dt$$

令$x = at$及對$a > 0$，則

$$\mathcal{F}[g(at)] = \frac{1}{a}\int_{-\infty}^{\infty} g(x)e^{-(j\omega/a)x}dx = \frac{1}{a}G\left(\frac{\omega}{a}\right)$$

同樣地，假如$a < 0$，則

$$g(at) \leftrightarrow \frac{1}{-a}G\left(\frac{\omega}{a}\right)$$

於是(3.36)式得證。

函數$g(at)$表示函數$g(t)$在時標中被壓縮$\frac{1}{a}$，同樣地，函數$G\left(\frac{\omega}{a}\right)$表示$G(\omega)$在頻標中被伸張$a$倍。換句話說，時域中被壓縮就等於頻域中被伸張，反過來說也正確。我們以圖3.17來說明。

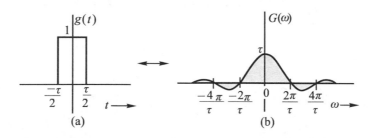

圖3.17　時域中的壓縮等於頻域中的伸張

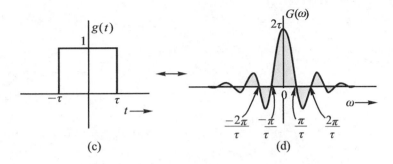

圖 3.17　時域中的壓縮等於頻域中的伸張(續)

例 3.10　利用時標性質顯示圖 3.18

$$e^{-a|t|} \longleftrightarrow \frac{2a}{a^2 + \omega^2}$$

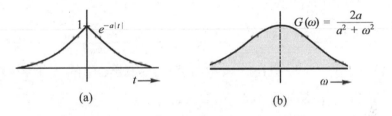

圖 3.18　兩邊指數脈波及其頻譜

解　因為 $e^{-a|t|} = e^{at}u(-t) + e^{-at}u(t)$

於是 $e^{at}u(-t) \longleftrightarrow \dfrac{1}{a-j\omega}$

及 $e^{-at}u(t) \longleftrightarrow \dfrac{1}{a+j\omega}$

因此可得到

$$e^{-a|t|} \longleftrightarrow \frac{2a}{a^2 + \omega^2}$$

CH **3**

時位移(time shifting)

若

$$g(t0 \leftrightarrow G(\omega)$$

則

$$g(t-t_0) \leftrightarrow G(\omega)e^{-j\omega t_0} \quad\text{..}\text{(3.37a)}$$

證明：

$$\mathcal{F}[g(t-t_0)] = \int_{-\infty}^{\infty} g(t-t_0)e^{-j\omega t}dt$$

令 $t - t_0 = x$，可得

$$\mathcal{F}[g(t-t_0)] = \int_{-\infty}^{\infty} g(x)e^{-j\omega(x+t_0)}dx = G(\omega)e^{-j\omega t_0}$$

另外需注意的是，若

$$G(\omega) = |G(\omega)|e^{j\theta_g(\omega)}$$

則

$$g(t-t_0) \leftrightarrow |G(\omega)|e^{j[\theta_g(\omega)-\omega t_0]} \quad\text{...}\text{(3.37b)}$$

這個結果清楚地說明在時域中位移 t_0，而頻域中的大小頻譜並不改變，但相頻譜須另外一項 $-\omega t_0$。

> **例 3.11**　找出圖 3.19(a)中信號 $e^{-a|t-t_0|}$ 的傅利葉轉換。

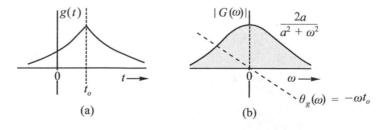

圖 3.19　時位移對頻譜的影響

解　圖 3.19(a)中的信號$e^{-a|t-t_0|}$是信號$e^{-a|t|}$的時位移類型，從例題 3.10 可知

$$e^{-a|t|} \longleftrightarrow \frac{2a}{a^2+\omega^2}$$

於是利用時位移性質可得

$$e^{-a|t-t_0|} \longleftrightarrow \frac{2a}{a^2+\omega^2} e^{-j\omega t_0}$$

信號$e^{-a|t-t_0|}$的頻譜與$e^{-a|t|}$的頻譜相同，除了加上相位移$-\omega t_0$，如圖 3.19(b)所示。

頻率位移(frequency shifting)

若

$$g(t) \longleftrightarrow G(\omega)$$

則

$$g(t)e^{j\omega_0 t} \longleftrightarrow G(\omega-\omega_0) \quad\text{......................................(3.38)}$$

證明：

$$\mathcal{F}[g(t)e^{j\omega_0 t}] = \int_{-\infty}^{\infty} g(t)e^{j\omega_0 t}e^{-j\omega t}dt$$

$$= \int_{-\infty}^{\infty} g(t)e^{-j(\omega-\omega_0)t}dt$$

$$= G(\omega-\omega_0)$$

這個性質敘述在頻域中位移ω_0等於在時域中被乘以$e^{j\omega_0 t}$，換句話說，時域中被乘以$e^{j\omega_0 t}$因式就是頻譜$G(\omega)$被移動一頻率ω_0。

通訊系統中，經常需要移動頻譜，這時可由信號$g(t)$被乘以一正弦波信號而達成，這個處理過程就是**調變**。我們可觀察下式

$$g(t)\cos\omega_0 t = \frac{1}{2}[g(t)e^{j\omega_0 t} + g(t)e^{-j\omega_0 t}]$$

利用頻率位移性質，可得

$$g(t) \cos \omega_0 t \leftrightarrow \frac{1}{2}[G(\omega + \omega_0) + G(\omega - \omega_0)] \text{.......................} (3.39a)$$

因此，調變的處理是將頻譜向上及向下移動ω_0，圖 3.20 顯示由於調變而引起的頻率移動(frequency translation)。

若信號被乘以 $\cos(\omega_0 t + \phi)$ 而不是 $\cos \omega_0 t$，我們用同樣的方式可得

$$g(t) \cos(\omega_0 t + \phi) \leftrightarrow \frac{1}{2}[G(\omega + \omega_0)e^{-j\phi} + G(\omega - \omega_0)e^{j\phi}] \quad (3.39b)$$

注意$g(t) \cos(\omega_0 t + \phi)$的大小頻譜與$g(t) \cos \omega_0 t$的相同，但相位卻有差異，當$\omega > 0$時，差一相位$\phi$；當$\omega < 0$時，差一相位$-\phi$。對一特殊案例，當$\phi = -\frac{\pi}{2}$時，則(3.39b)式變成

$$g(t) \sin \omega_0 t \leftrightarrow \frac{1}{2}[G(\omega + \omega_0)e^{j\pi/2} + G(\omega - \omega_0)e^{-j\pi/2}]$$

$$= \frac{j}{2}[G(\omega + \omega_0) - G(\omega - \omega_0)] \text{.....................} (3.39c)$$

而$g(t) \cos \omega_0 t$及$g(t) \sin \omega_0 t$之頻譜分別如圖 3.20(d)及(f)所示。

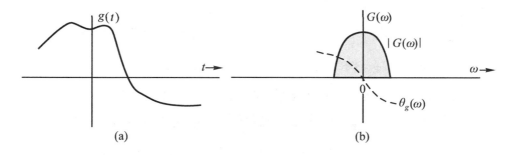

圖 3.20　頻率位移

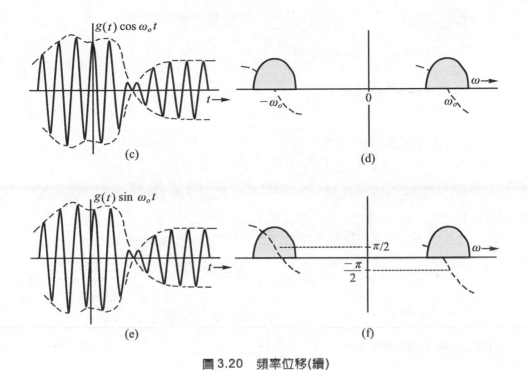

圖 3.20 頻率位移(續)

例 3.12 找出圖 3.21(a)單脈衝串的傳利葉轉換。

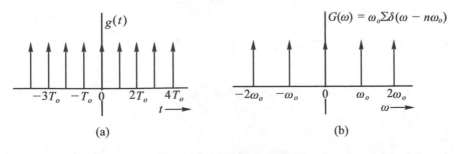

圖 3.21 單脈衝串及其頻譜

解 從(3.25b)式知單脈衝串的指數傅利葉級數爲

$$g(t) = \sum_{n=-\infty}^{\infty} \delta(t-nT_0) = \frac{1}{T_0} \sum_{n=-\infty}^{\infty} e^{jn\omega_0 t}$$

但由對稱性質

$$1 \leftrightarrow 2\pi\delta(\omega)$$

及頻率位移性質

$$e^{j\omega_0 t} \leftrightarrow 2\pi\delta(\omega-\omega_0)$$

我們可得

$$\sum_{n=-\infty}^{\infty} \delta(t-nT_0) \leftrightarrow \frac{2\pi}{T_0} \sum_{n=-\infty}^{\infty} \delta(\omega-n\omega_0)$$

$$= \omega_0 \sum_{n=-\infty}^{\infty} \delta(\omega-n\omega_0) \text{ , } \omega_0 = \frac{2\pi}{T_0} \dots\dots\dots(3.40)$$

單脈衝串的頻譜仍爲一單脈衝串，如圖 3.21(b)所示。

時間微分及積分

若

$$g(t) \leftrightarrow G(\omega)$$

則

$$\frac{dg}{dt} \leftrightarrow j\omega G(\omega) \dots\dots\dots (3.41a)$$

及

$$\int_{-\infty}^{t} g(x)dx \leftrightarrow \frac{G(\omega)}{j\omega} + \pi G(0)\delta(\omega) \dots\dots (3.41b)$$

但對於$g(t)$的第n階微分與其轉換式有如下關係

$$\frac{d^n}{dt^n}[g(t)] \leftrightarrow (j\omega)^n G(\omega)$$

例 3.13 找出圖 3.22(a)中梯形信號(trapezoidal signal)$g(t)$的傅利葉轉換。

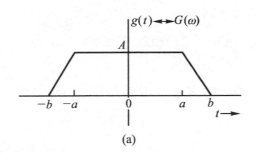

(a)

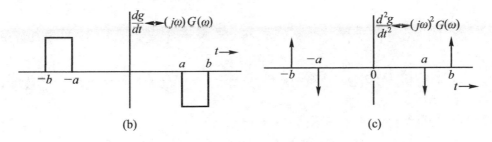

(b)   (c)

圖 3.22　時間微分性質的應用

解　根據圖 3.22(a)，我們可知信號 $g(t)$ 為

$$g(t) = \begin{cases} \dfrac{A(t-b)}{a-b} & a < t < b \\[2mm] \dfrac{A(t+b)}{b-a} & -b < t < -a \\[2mm] A & -a < t < a \end{cases}$$

我們將信號 $g(t)$ 微分兩次，能得到脈衝串，脈衝串的轉換式立刻可找出。從圖 3.22(c) 明顯地看出

$$\frac{d^2 g}{dt^2} = \frac{A}{(b-a)}[\delta(t+b) - \delta(t+a) - \delta(t-a) + \delta(t-b)] \quad\ldots\ldots(3.42)$$

利用時間位移性質，即 (3.37) 式及時間微分性質，(3.42) 式的轉換式立刻能寫為

$$(j\omega)^2 G(\omega) = \frac{A}{(b-a)}(e^{j\omega b} - e^{j\omega a} - e^{-j\omega a} + e^{-j\omega b})$$

於是我們得到

$$G(\omega) = \frac{2A}{(b-a)} \left[\frac{\cos a\omega - \cos b\omega}{\omega^2} \right]$$

這例題提示我們，藉著直線段可得到$g(t)$的近似，然後再用數值方法獲得$g(t)$的傅利葉轉換。

頻率微分

若

$$g(t) \leftrightarrow G(\omega)$$

則

$$-jtg(t) \leftrightarrow \frac{d}{d\omega} G(\omega) \quad\text{...(3.43)}$$

這式與時間微分性質有對稱關係。

3.8 迴旋積分(Convolution Integral)

兩個信號$g_1(t)$及$g_2(t)$的迴旋積分以符號$g_1(t)*g_2(t)$表示，定義為

$$g_1(t)*g_2(t) \triangleq \int_{-\infty}^{\infty} g_1(x)g_2(t-x)dx \quad\text{...(3.44)}$$

在(3.44)式中，若令$y = t-x$，我們能顯示迴旋積分有交換性(commutative nature)，即

$$g_1(t)*g_2(t) = g_2(t)*g_1(t) \quad\text{...(3.45)}$$

若

$$g_1(t) \leftrightarrow G_1(\omega) \quad 及 \quad g_2(t) \leftrightarrow G_2(\omega)$$

則

$$g_1(t)*g_2(t) \leftrightarrow G_1(\omega)G_2(\omega) \quad (時間迴旋) \quad\text{.........................(3.46a)}$$

及

$$g_1(t)g_2(t) \leftrightarrow \frac{1}{2\pi}G_1(\omega)*G_2(\omega) \quad (頻率迴旋) \quad\text{...................(3.46b)}$$

證明：
$$[g_1(t)*g_2(t)] = \int_{-\infty}^{\infty} e^{-j\omega t}\left[\int_{-\infty}^{\infty} g_1(x)g_2(t-x)dx\right]dt$$
$$= \int_{-\infty}^{\infty} g_1(x)\left(\int_{-\infty}^{\infty} g_2(t-x)e^{-j\omega t}dt\right)dx$$

應用時位移性質(3.37)式，代入內積分產生

$$\mathcal{F}[g_1(t)*g_2(t)] = \int_{-\infty}^{\infty} G_2(\omega)g_1(x)e^{-j\omega t}dx$$
$$= G_1(\omega)G_2(\omega)$$

　　迴旋積分的性質是傅利葉分析最有用的工具之一，很容易導出許多重要結果。我們可將迴旋積分利用在時域與頻域信號中，實際積分的上下限是由積分不為零的範圍來決定。迴旋的運用將被侷限於非週期的時間信號及有一定頻帶或有間歇信號(即δ信號)之頻譜上。

例 3.14 　計算圖 3.23(a)及(b)中兩信號的迴旋積分$g_1(t)*g_2(t)$。

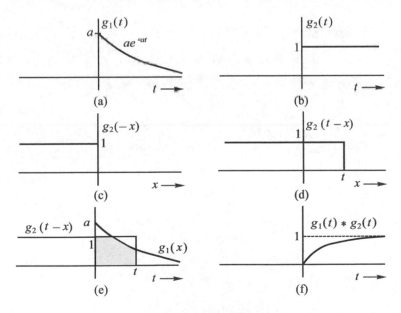

圖 3.23　迴旋的圖解

解 (3.42)式中積分函數是$g_1(x)g_2(t-x)$的乘積，且積分是對x(不是t)，信號$g_2(-x)$是由$g_2(x)$對垂直軸折疊而獲得，如圖3.23 (c)所示。另外$g_2(t-x)$是由$g_2(-x)$位移t而獲得，如圖3.23(d) 所示。在瞬時t乘積下的面積是當時迴旋的值，如圖3.23(e) 中的陰影所示。我們必須對所有時間t重覆這步驟，以決定所有t時的迴旋值。

目前的例題中，

$$g_1(x)g_2(t-x)=\begin{cases} ae^{-ax} & 0 < x < t \\ 0 & t < 0 \; 及 \; x > t \end{cases}$$

於是

$$g_1(x) * g_2(t) = \int_{-\infty}^{\infty} g_1(x)g_2(t-x)dt$$

$$= a\int_0^t e^{-ax}dx = 1 - e^{-at} \quad t > 0$$

注意，當$t < 0$時，乘積$g_1(x)g_2(t-x) = 0$，因此迴旋只有在$t > 0$時才存在，$t < 0$時迴旋等於零，如圖3.23(f)所示。

這題我們能直接用迴旋性質來解，我們知

$$G_1(\omega) = \frac{a}{a+j\omega} \quad 及 \quad G_2(\omega) = \frac{1}{j\omega} + \pi\delta(\omega)$$

而且

$$g_1(t) * g_2(t) = \mathcal{F}^{-1}[G_1(\omega)G_2(\omega)]$$

$$= \mathcal{F}^{-1}\left[\frac{a}{j\omega(a+j\omega)} + \frac{\pi a\delta(\omega)}{a+j\omega}\right]$$

$$= \mathcal{F}^{-1}\left[\frac{1}{j\omega} - \frac{1}{a+j\omega} + \pi\delta(\omega)\right]$$

$$= (1 - e^{-at})u(t)$$

本節所討論的迴旋積分亦屬於傅利葉轉換的運算，因此綜合 3.7 節及 3.8 節，以附錄 B 列出傅利葉轉換的性質。

3.9 線性系統的濾波特性

將一輸入信號 $f(t)$ 加入至一線性非時變系統中，產生一對應的輸出 $g(t)$，如圖 3.24 所示。輸入信號 $f(t)$ 及輸出信號 $g(t)$ 的頻譜密度分別以 $F(\omega)$ 及 $G(\omega)$ 表示，系統的脈衝響應及頻率轉移函數分別設定為 $h(t)$ 及 $H(\omega)$，其關係以下式表之：

$$g(t) = f(t) * h(t) \dotfill (3.47a)$$
$$G(\omega) = F(\omega)H(\omega) \dotfill (3.47b)$$

因此一個線性非時變系統的頻率轉移函數是脈衝響應的傅利葉轉換。換句話說，在時域中，系統改變輸入信號的波形；在頻域中，系統改變輸入信號的頻譜密度(spectral density)，它們之間的關係受傅利葉轉換式的影響。

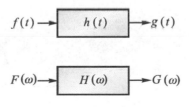

圖 3.24　系統在時域及頻域中的表示

當許多頻率分量加入到一個系統中，此時線性非時變系統類似一個濾波器，某些頻率分量能被放大、有些被衰減及有些不受影響。但每一頻率分量通過系統時，相位均被位移，重寫(3.47b)式以分別這種效應

$$|G(\omega)|e^{j\theta_g(\omega)} = |F(\omega)|e^{j\theta_f(\omega)}|H(\omega)|e^{j\theta_h(\omega)}$$

$$|G(\omega)| = |F(\omega)|\,|H(\omega)| \text{...} (3.48a)$$

$$\theta_g(\omega) = \theta_f(\omega) + \theta_h(\omega) \text{...} (3.48b)$$

從以上的討論，可知大小響應(magnitude response)是由信號頻譜密度的大小及系統轉移函數的大小相乘而得；相位響應是由各個相位響應的相加而得，這個結果可用數個串接系統中，只要每一系統不改變其轉移函數。

例 3.15　一個振幅為 1 的閘門函數(gate function)如圖 3.25(c)所示，通過一個RC低通濾波器如圖 3.25(a)所示，決定其大小響應。假定時間常數$\tau = 4RC$。

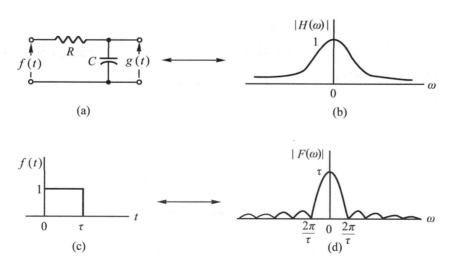

圖 3.25　低通濾波器的大小響應

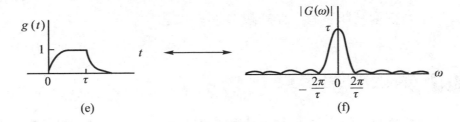

圖 3.25　低通濾波器的大小響應(續)

解　我們從圖 3.25(c)知閘門函數 $\text{II}(t)$ 為

$$\text{II}(t) = \begin{cases} 1 & 0 < t < \tau \\ 0 & t < 0 \ \text{及} \ > \tau \end{cases} \quad\cdots\cdots\cdots\cdots\cdots\cdots\cdots(3.49)$$

其傅利葉轉換為

$$\mathcal{F}[\text{II}(t)] = \int_{-\tau/2}^{\tau/2} e^{-j\omega t} dt$$

$$= \frac{1}{j\omega}[e^{j\omega\tau/2} - e^{-j\omega\pi/2}]$$

$$= \tau \frac{\sin(\omega\tau/2)}{\omega\tau/2} = \tau \sin c\left(\frac{\omega\tau}{2}\right)$$

於是

$$|F(\omega)| = \tau \sin c\left(\frac{\omega\tau}{2}\right)$$

$$|H(\omega)| = \left|\frac{1}{1 + j\omega RC}\right| = \frac{1}{\sqrt{1 + \left(\omega\dfrac{\tau}{4}\right)^2}}$$

$$|G(\omega)| = |F(\omega)| \, |H(\omega)|$$

$$= \frac{\tau}{\sqrt{1 + \left(\omega\dfrac{\tau}{4}\right)^2}} \left| \sin c\left(\omega\dfrac{\tau}{2}\right)\right|$$

大小響應以圖 3.25(b)、(d)、(f)表示，這個系統使輸入頻譜密度高頻衰減，允許較低頻率通過。

3.10 系統的頻帶寬

在一系統中，大小頻譜$|H(\omega)|$的不變性(constancy)被稱爲頻寬(bandwidth)，一系統的頻寬W被定義爲在一段正頻率區間，大小$|H(\omega)|$維持在一設定的數值之內。最常用的一種數值是-3 dB(就是對電壓爲$\frac{1}{\sqrt{2}}$，對功率是 1/2)，用這個準則所得到的頻寬，我們稱它爲"-3 dB頻寬"或是系統的"半功率頻寬"。

根據頻寬的定義，一系統的大小$|H_1(\omega)|$如圖 3.26(a)所示，其頻寬$W=\omega_1$弧度／秒(若以B表頻寬，其單位爲 Hz，$W=2\pi B$)，另一系統的大小$|H_2(\omega)|$如圖 3.26(b)所示，其頻寬$W=(\omega_2-\omega_1)$弧度／秒。

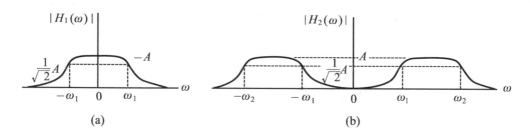

(a)　　　　　　　　　　　　　　(b)

圖 3.26　一系統的-3 dB 頻寬

3.11 無失真傳輸

從(3.48a、b)兩式得知，系統的特性能使大小頻譜$|F(\omega)|$改變成爲$|F(\omega)||H(\omega)|$及相位頻譜從$\theta_f(\omega)$變爲$\theta_f(\omega)+\theta_h(\omega)$，因此通常輸出信號

看起來並不像輸入信號。在通訊系統中，我們必須減少由不良系統(或稱頻道)特性所引起的失真(distortion)，於是決定無失真傳輸(distortionless transmission)的條件是十分重要的。

無失真傳輸需滿足兩個條件，一是輸入信號 $f(t)$ 與輸出信號 $g(t)$ 有相同的波形，即

$$g(t) = Kf(t-t_d)$$

換句話說，所有輸入頻率分量必須無失真的到達輸出端，也就是所有頻率分量遭受系統相同的衰減或放大，即

$$|H(\omega)| = K$$

另一條件是所有輸入頻率分量以相同的延遲時間 t_d 到達輸出端，若輸入信號是 $\cos \omega t$，經過 t_d 延遲後產生 $\cos \omega(t-t_d)$ 的輸出，但

$$\cos \omega(t-t_d) = \cos(\omega t - \omega t_d)$$

因此對一已知的延遲時間 t_d 而言，相位落後(phase lag) ωt_d 與頻率 ω 成比例。當一信號的頻率加倍時，相位落後亦必須加倍以維持相同的時間延遲。所以由系統 $H(\omega)$ 所引起的延遲必須滿足下列之條件

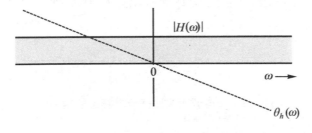

圖 3.27　無失真系統特性

$$\theta_h(\omega) = -\omega t_d \dots\dots\dots\dots\dots\dots\dots\dots\dots\dots\dots\dots\dots(3.50)$$

一個頻道無失真傳輸的理想大小及相位特性顯示如圖 3.27 所示。但實際系統僅能近似於此無失真傳輸。

例 3.16　若 $g(t)$ 及 $r(t)$ 分別是圖 3.28(a)簡單 RC 低通濾波器的輸入及輸出，決定其轉移函數 $H(\omega)$ 及畫出 $|H(\omega)|$ 及 $\theta_h(\omega)$ 的圖形。若是無失真傳輸，$g(t)$ 的頻寬有何條件？傳輸的延遲時間是多少？當 $g(t) = A\cos 100t$，求出 $r(t)$。

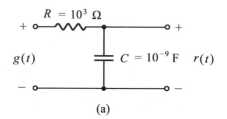

(a)

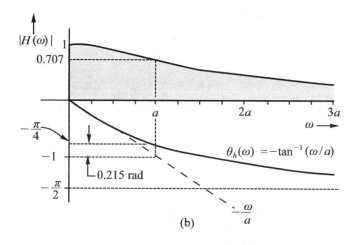

(b)

圖 3.28　簡單低通濾波器及其頻率響應特性

解 對於圖 3.27(a)的電路

$$H(\omega) = \frac{\dfrac{1}{j\omega C}}{R + \left(\dfrac{1}{j\omega C}\right)} = \frac{1}{1 + j\omega RC} = \frac{a}{a + j\omega}$$

此處

$$a = \frac{1}{RC} = 10^6$$

於是

$$\left.\begin{aligned}|H(\omega)| &= \frac{a}{\sqrt{a^2 + \omega^2}} \simeq 1 \\[2mm] \theta_h(\omega) &= -\tan^{-1}\frac{\omega}{a} \simeq -\frac{\omega}{a}\end{aligned}\right\} \omega \ll a$$

RC低通濾波器的大小及相位頻譜如圖 3.27(b)所示,注意當 $\omega \ll a$ ($a = 10^6$)時,大小及相位特性十分接近理想,例如,當 $\omega < 200,000$ ($\omega < 0.2a$),$|H(\omega)|$偏離 1 小於 2 %,及 $\theta_h(\omega)$ 偏離理想線性小於 1.5 %,因此對頻寬 $B \ll \dfrac{a}{2\pi}$ 的低通信號,其傳輸是近似無失眞。但準確的頻寬 B 與能容忍的失眞量有關,我們能看到,$B = \dfrac{200,000}{2\pi} \simeq 31,847$ Hz時,可忽略其失眞。

傳輸延遲 t_d 是相位特性的負斜率(3.50)式,因爲 $\omega \ll a$,於是

$$\theta_h(\omega) \simeq -\frac{\omega}{a} \quad t_d \simeq \frac{1}{a} = RC = 10^{-6}$$

輸入信號 $g(t) = A \cos 100t$,因爲 $100 \ll 10^6$,傳輸是無失眞,延遲時間 $t_d = 10^{-6}$,於是

$$r(t) = A \cos 100(t - t_d) = A \cos (100t - 10^{-4})$$

實用上，$|H(\omega)|$ 在 0.707 範圍內的變化是可容忍的，也就是在 $\omega RC = 1$ 時，$|H(\omega)| = 0.707$，這可得到頻寬 B，即

$$B = \frac{a}{2\pi} = \frac{1}{2\pi RC} = 159.23 \text{ Hz}$$

在這頻寬內，相位偏離理想線性特性最多為 0.215 弧度。

3.12 信號失真

當一信號經過一系統時，其輸出與所希望的形式有所不同時，就產生了失真。我們定義線性系統的失真為線性失真(linear distortion)，若經非線性系統所得的失真為非線性失真(nonlinear distortion)。

線性失真

線性系統可以頻域的系統函數 $H(\omega)$ 表示其特性，而 $H(\omega)$ 為脈衝響應 $h(t)$ 的傅利葉轉換。一個簡單的線性系統為 R-C 低通濾波器，它的系統函數為

$$H(\omega) = \frac{1}{1 + j\omega RC} \quad\text{...(3.51a)}$$

上式可化為 $|H(\omega)|$ 及 $\theta_h(\omega)$ 之形式

$$H(\omega) = |H(\omega)| e^{-j\theta_k(\omega)}$$

$$= \frac{1}{\sqrt{1 + (\omega RC)^2}} e^{-j\tan^{-1}(\omega RC)} \quad\text{.............................(3.51b)}$$

由(3.51b)式知大小響應 $|H(\omega)|$ 不為常數，所以信號在各頻率分量上的衰減程度不同，這種現象稱為**振幅失真**。另外相位響應亦不是線性的，

所以各頻率分量的時間延遲不相同，這種現象稱爲**相位失真**。線性系統的振幅與相位失眞合稱爲**線性失真**。

例 3.17 圖 3.29(a)低通濾波器的轉移函數$H(\omega)$爲

$$H(\omega)=\begin{cases}(1 + K \cos T\omega)e^{-j\omega t_d} & |\omega| < 2\pi B \\ 0 & |\omega| < 2\pi B\end{cases} \quad\text{..................(3.52)}$$

圖 3.29(b)限頻爲B Hz的脈波$g(t)$被加入至濾波器的輸入端，求出輸出$r(t)$。

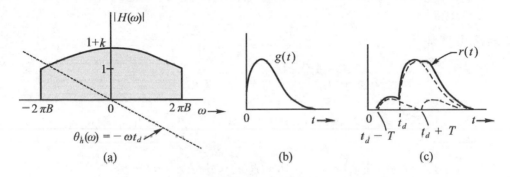

圖 3.29 當脈波通過一失真的系統會產生分散現象

解 從圖 3.29(a)知濾波器有理想的相位及非理想的大小特性，因爲

$g(t) \leftrightarrow G(\omega)$ 及 $r(t) \leftrightarrow R(\omega)$

$R(\omega) = G(\omega)H(\omega)$

$\quad = G(\omega)[1 + K \cos T\omega]e^{-j\omega t_d}$

$\quad = G(\omega)e^{-j\omega t_d} + K[G(\omega) \cos T\omega]e^{-j\omega t_d}$

利用時位移性質，(3.4)式，我們可得

$$r(T) = g(t-t_d) + \frac{K}{2}[g(t-t_d-T) + g(t-t_d+ T)]$$

實際輸出是$g(t) + \frac{K}{2}[g(t-T) + g(t+T)]$，但被延遲$t_d$，它包含$g(t)$及其被位移$\pm T$的回波(echoes)，這回波引起脈波的分散(dispersion)，從圖3.29(c)可明顯的看出。

非線性失真(nonlinear distortion)

由於非線性系統失真的分析相當複雜，我們僅考慮簡單的狀況，非線性系統的輸入g及r之間的關係能以非線性方程式表示

$$r = f(g)$$

通常可寫成

$$r = a_0 + a_1g + a_2g^2 + a_3g^3 + \cdots + a_Kg^K + \cdots$$

這方程式的乘方級數(power-series)展開式可決定輸出信號的頻譜

$$g^K(t) \leftrightarrow \left(\frac{1}{2K}\right)^{K-1} \underbrace{G(\omega) * (G(\omega) * G(\omega) \cdots * G(\omega))}_{K-1個迴旋}$$

於是

$$R(\omega) = 2\pi a_0\delta(\omega) + 2\frac{a_K}{(2\pi)^{K-1}} \underbrace{G(\omega) * G(\omega) * \cdots * G(\omega)}_{K-1個迴旋}$$

從以上的方程式我們知道輸出頻譜是由輸入頻譜與其本身重覆自迴旋(auto-convolution)所得之值與原來頻譜乘以適當常數相加而成。當一個頻譜與本身迴旋後，新頻譜的頻寬為原頻譜頻寬的2倍，同樣地，若是自迴旋$K-1$次，其頻寬將增加K倍。這就是說，輸出信號將含有新的頻率分量，是輸入信號所沒有的，因此造成非線性失真。

非線性失真不僅是信號本身的失真，而且會干擾鄰近頻道的信號，因為它的頻譜被擴張(或分散)了，頻譜分散在分頻多工系統(FDM)中會引起嚴重的干擾問題，但在分時多工系統(TDM)中不起作用。

例 **3.18** 頻寬 B Hz 的基頻帶信號 $g(t)$ 調變一個頻率為 ω_c 的載波，已調變信號 $g(t)\cos\omega_c t$ 經由一頻道發射，此頻道的輸入 x 及輸出 y 有下列之關係

$$y = a_1 x + a_2 x^2 + a_3 x^3$$

求接收信號並畫出其頻譜。

解 頻道的輸入信號是

$$y(t) = a_1 g(t)\cos\omega_c t + a_2 g^2(t)\cos^2\omega_c t + a_3 g^3(t)\cos^3\omega_c t$$

$$= \frac{a^2}{2}g^2(t) + \left[a_1 g(t) + \frac{3}{4}a_3 g^3(t)\right]\cos\omega_c t$$

$$+ \frac{a^2}{2}g^2(t)\cos 2\omega_c t + \frac{1}{4}a_3 g^3(t)\cos 3\omega_c t$$

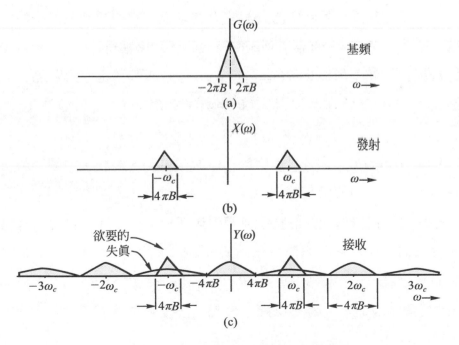

圖 3.30　頻道非線性對已調變信號的影響

上式中括號內$[a_1g(t)+ 3/4a_3g^3(t)]\cos\omega_c t$是我們想要的，但
$3/4a_3g^3(t)$項將引起失真。圖3.30顯示基頻帶信號$g(t)$、輸入
信號$x(t)$及輸出信號$y(t)$的頻譜。從圖中可看到輸出信號不僅
對想要的信號引起失真而且頻譜分散，將引起鄰近頻道的其
他信號。

要消除或降低非線性失真，可使用一種與頻道特性相反的裝
置來完成。

3.13 濾波器的時間響應

在很多通訊系統是希望濾去某些信號以限制它的頻譜在某一特定之
區域。基本上說，一濾波器能通過的特定頻率範圍稱爲通帶(passband)，
其他被拒絕的頻率稱爲止帶(stopband)。基於通帶及止帶的關係，一個
濾波器可被分爲低通濾波器 LPF(lowpass filter)、高通濾波器 HPF
(highpass filter)、通帶濾波器 BPF(bandpass filter)及止帶濾波器 BSF
(bandstop filter)，它們各自對應於：僅傳送低頻、高頻、中頻一部份，
或除中頻一部份均傳送。

一理想濾波器傳送的信號在通帶內無任何失真，而在止帶內有無限
大的衰減值，因爲它的頻帶響應在某些範圍永遠爲零。圖 3.31(a)爲理
想低通濾波器，允許頻率低於$\omega = 2\pi B$的信號無失真通過，高於頻率$\omega =$
$2\pi B$的信號全被抑止。圖3.32顯示理想高通及通帶濾波器。

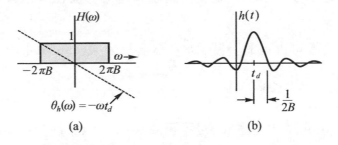

圖 3.31　理想低通濾波器及其脈衝響應

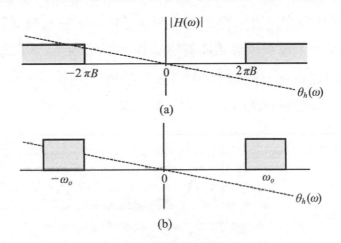

圖 3.32　理想高通及通帶濾波器

理想低通濾波器的單脈衝響應$h(t)$爲

$$h(t) = \mathcal{F}^{-1}\left[\text{II}\left(\frac{\omega}{4\pi B}\right) e^{-j\omega t_d} \right]$$
$$= 2B \sin c[2B(t - t_d)]$$

這個響應被如圖 3.31(b)所示。但發現這個脈衝響應在$t < 0$時亦存在，這是很奇怪的結果，實際上脈衝輸入是在$t = 0$時被加入，而響應卻在信號未加入前即開始，似乎系統可預測輸入，可是實際的系統是沒有這種

特性，我們必須做個結論：雖然我們想要理想濾波器，但實際上是不能實現的。

對於一實際可實現的系統，$h(t)$ 必須是因果(causal)的，即

$$h(t) = 0 \quad t < 0$$

圖 3.31(b)的脈衝響應 $h(t)$ 是不可實現的，但脈衝響應 $\hat{h}(t)$，

$$\hat{h}(t) = h(t)u(t)$$

是可實現的，因為它是因果的，只有在 $t > 0$ 時才存在，如圖 3.33 所示。像這樣的濾波器不會有理想濾波器的特性，將使頻寬為 B 的信號失真。但如果我們增加延遲時間 t_d 足夠大時，此時除了延遲外，$\hat{h}(t)$ 將會非常近似於 $h(t)$，使濾波器 $H(\omega)$ 近似理想濾波器。

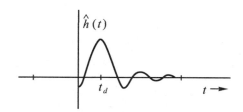

圖 3.33　可實現的脈衝響應 $h(t)$

我們知道理想低通濾波器在通帶內有常數振幅及線性的相位響應，在止帶內有無窮大的衰減，現在的問題是用什麼方法達成這些要求，但是事實上找不出一種濾波器能同時滿足這三種要求，所以發展出三類濾波器分別來滿足這三種要求，這些濾波器的名稱及特性表示於下：

1. 巴特渥斯(Butterworth)：在較少止帶衰減條件下，保持一定的振幅響應。

2. 卻比卻維(Chebychev)：在允許通帶衰減之條件下，增加止帶的衰減量。

3.   貝塞爾(Bessel)：在通帶內，於較差的振幅響應下取得線性的相
     位響應。

　　現在我們以巴特渥斯濾波器爲例說明其特性，它的轉移函數大小可
描述爲

$$|H(\omega)| = \frac{1}{\sqrt{1 + \left(\dfrac{\omega}{2\pi B}\right)^{2n}}}$$

　　圖 3.34 爲數個不同 n 值時的大小頻譜。注意當 n 增加時，濾波器的
特性愈近似於理想低通濾波器，當然 n 增加時，濾波器電路就愈複雜。
對所有 n 值，其半功率頻率寬 W 是相同的，參看圖 3.34。

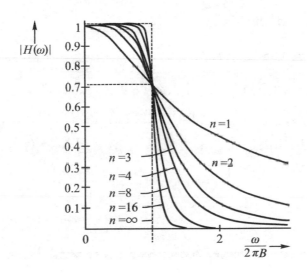

圖 3.34　巴特渥斯濾波器的大小頻譜

　　當 $n= 4$ 時，大小頻譜 $|H(\omega)|$、相位頻譜 $\theta_h(\omega)$ 及單脈衝響應 $h(t)$ 如
圖 3.35 所示，這可與理想濾波器做一比較。

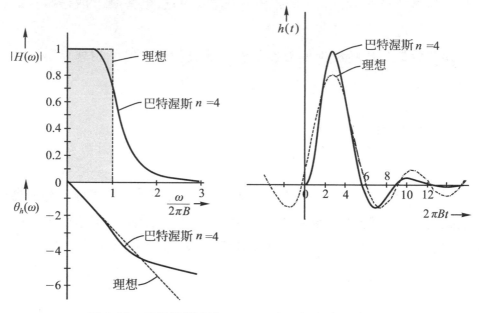

圖 3.35　巴特渥斯濾波器($n = 4$)與理想濾波器做比較

我們已知一個系統的大小$|H(\omega)|$及相位$\theta_h(\omega)$是互相有關聯的，也就是不能任意選擇$|H(\omega)|$及$\theta_h(\omega)$。若希望有較好的$|H(\omega)|$，則$\theta_h(\omega)$的品質就降低，例如對巴特渥斯濾波器，當$n = \infty$時將有近似理想振幅特性，此時相位特性就特別差。

習　題

1.　畫出信號$f(t)$的單邊及雙邊的頻譜

$$f(t) = 5 \cos \left(2\pi t + \frac{\pi}{4}\right) + 4 \sin 6\pi t$$

2.　一信號如圖 3.36 所示的雙邊頻譜，寫出此信號在時域表示法。

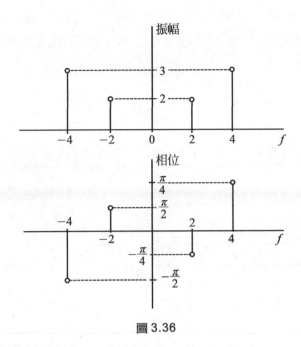

圖 3.36

3. 寫出信號 $f(t)=5\cos 12\pi t + 6\sin 20\pi t$為

(1) 相量和的實部

(2) 相量和加上它的共軛複數

(3) 從(1)及(2)所得的結果，畫出 $f(t)$的單邊及雙邊振幅及相位頻譜。

4. 下面的信號何者是週期的及非週期的？

　畫出所有信號的波形及求出週期信號的週期。

(1) $\cos 5\pi t + \cos \pi t$

(2) $e^{-10t}u(t)$

(3) $\sin 2t + \cos \pi t$

(4) $\text{II}\left(\dfrac{t+3}{7}\right)$

(5) $\displaystyle\sum_{n=-\infty}^{\infty} \pi(t-5n)$

(6)　$4e^{-4|t|} + 5 \cos 6\pi t$

5.　圖3.37為週期信號的波形，找出其三角傳利葉級數及畫出大小及相位頻譜。

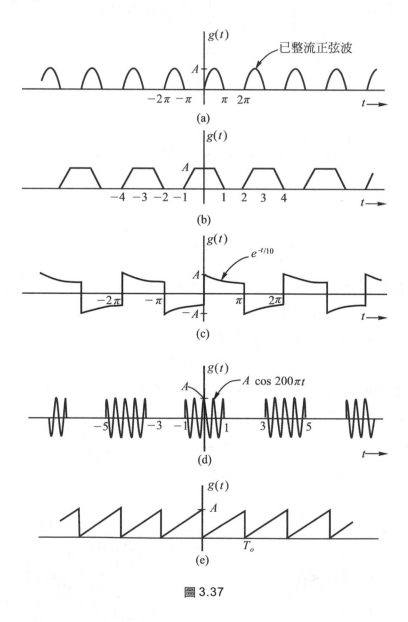

圖 3.37

6.　寫出範圍在(0,2)長方形函數 $f(t)$ 的指數傅利葉級數。

$$f(t) = \begin{cases} 1 & 0 < t < 1 \\ -1 & 1 < t < 2 \end{cases}$$

7.　寫出範圍在(−4,4)長方形函數 $f(t)$ 的指數傅利葉級數。

$$f(t) = \begin{cases} 1 & -4 < t < 0 \\ -1 & 0 < t < 4 \end{cases}$$

8.　一給予的長方形函數 $f(t)$ 被定義於(0,2)的範圍內,如圖 3.38 所示。

$$f(t) = \begin{cases} 1 & 0 < t < 1 \\ -1 & 1 < t < 2 \end{cases}$$

我們希望用一組定義範圍(0,2)內的函數 $\phi_n(t) = \sin n\pi t$,$t > 0$ 來趨近這限定能量函數。

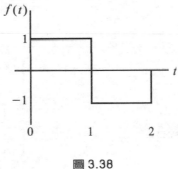

圖 3.38

9.　利用一組正交函數

$$\phi_n(t) = \cos n\frac{\pi}{4} t \quad n = 0,1,2,\cdots$$

來求出範圍在(−4,4)函數 $f(t)$ 的一般傅利葉表示。

$$f(t) = \begin{cases} 1 & -2 < t < 2 \\ 0 & \text{其他} \end{cases}$$

10. 顯示函數 $g(t)$ 傅利葉轉換能表示為

$$G(\omega) = \int_{-\infty}^{\infty} g(t) \cos \omega t \, dt - j \int_{-\infty}^{\infty} g(t) \sin \omega t \, dt$$

於是若 $g(t)$ 是一偶函數，則可顯示

$$G(\omega) = 2 \int_{-\infty}^{\infty} g(t) \cos \omega t \, dt$$

及若 $g(t)$ 是奇函數，則

$$G(\omega) = -2j \int_{0}^{\infty} g(t) \sin \omega t \, dt$$

11. 求出圖 3.39 中函數 $g(t)$ 的傅利葉轉換。

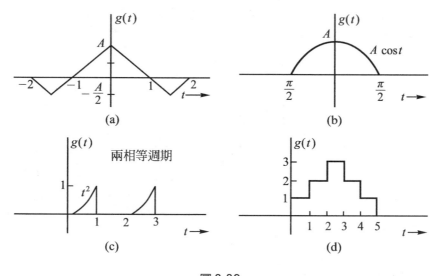

圖 3.39

12. 決定信號 $g(t)$，它的傅利葉轉換如圖 3.40 所示。

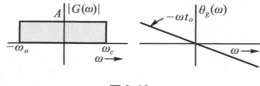

圖 3.40

13. 利用對稱性質，顯示

    (1) $\dfrac{2a}{t^2 + a^2} \leftrightarrow 2\pi e^{-a|\omega|}$

    (2) $\dfrac{1}{2}\left[\delta(t) - \dfrac{1}{j\pi t}\right] \leftrightarrow u(\omega)$

14. 顯示

    $$\delta(at) = \frac{1}{a}\delta(t)$$

    及 $\delta(\omega) = \dfrac{1}{2\pi}\delta(f) \qquad \omega = 2\pi f$

    暗示：需證明 $\displaystyle\int_{-\infty}^{\infty}\delta(at)dt = \frac{1}{a}$

15. 給予 $\cos(\omega_0 t) \leftrightarrow \pi[\delta(\omega + \omega_0) + \delta(\omega - \omega_0)]$，利用時標性質求出 $\cos n\omega_0 t$ 的傅利葉轉換。

16. 利用標度(scaling)性質，藉著 $G(\omega)$ 以決定圖 3.41(b)、(c)、(d)的傅利葉轉換，此處 $G(\omega)$ 是圖 3.41(a)信號 $g(t)$ 的傅利葉轉換。

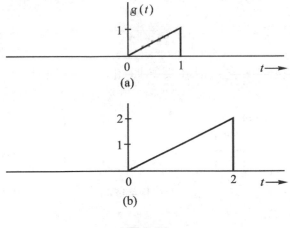

圖 3.41

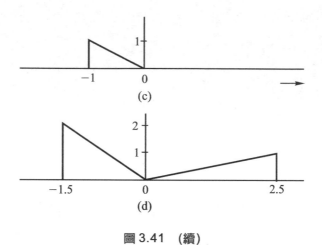

圖 3.41 （續）

17. 利用時位移性質，決定及畫出圖 3.42 信號 $g(t)$ 的傅利葉轉換。

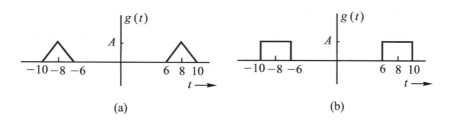

圖 3.42

18. 求出信號 $g(t)$，它的傅利葉轉換如圖 3.43 所示。

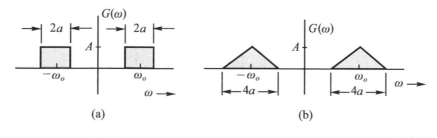

圖 3.43

19. 若 $g(t) \leftrightarrow G(\omega)$，決定下列之傅利葉轉換：

　(1)　$tg(2t)$

　(2)　$(t-2)g(t)$

　(3)　$(t-2)g(-2t)$

　(4)　$t\left(\dfrac{dg}{dt}\right)$

　(5)　$g(1-t)$

　(6)　$(1-t)g(1-t)$

20. 若給予

$$\mathcal{F}\{e^{-at}u(t)\}=\frac{1}{(a+j\omega)}$$

利用調變性質決定 $e^{-at}\cos\omega_0 t u(t)$ 的傅利葉轉換。

答：$\dfrac{(a+j\omega)}{[a^2+\omega_0^2-\omega_2)+j2a\omega]}$

21. 決定三角形脈波信號 $f(t)$ 的傅利葉轉換。

$$f(t)=2t[u(t)-u(t-1)-(t-3)]$$
$$=[u(t-1)-u(t-3)]$$

答：$F(\omega)=\dfrac{[2+\exp(-j3\omega)-3\exp(-j\omega)]}{(j\omega)^2}$

22. 計算下列之迴旋積分。

　(1)　$u(t)*e^{-t}u(t)$

　(2)　$e^{-t}u(t)*e^{-2t}u(t)$

Communication Electronics

Chapter

振幅調變

　　調變乃是將一電波的信號加之於另一電波上以改變其特性(如振幅、頻率、相位)之方法,其理由已在第一章說明。調變過程中有三種基本信號,即調變信號(modulating signal)或稱基頻帶信號(baseband signal),載波(carrier)及已調變信號(modulated signal)。在電話系統中,基頻帶信號就是聲頻帶(audio band),頻寬是 0 至 3.5 kHz。在電視系統中,基頻帶信號頻寬是 0 至 4.3 MHz。對於每秒為 f_o 脈波數的數位信號,其基頻帶頻寬是 0 至 f_o Hz。

　　振幅調變大致可分為雙旁波帶(DSB)(double-sideband)、雙旁波帶抑止載波(DSB-SC)(double sideband-suppressed carrier)、單旁波帶(SSB)(single-sideband)及殘留旁波帶(VSB)(vestigial-sideband)等調變,其所產生的已調變信號可利用分頻多工(FDM)(frequency division multiplexing)的方法,在一頻道中藉著分享其頻帶,可同時傳送很多個信號,以增加傳輸效率。

4.1　雙旁波帶抑止載波調變(DSB-SC)

　　一般來說，抑止載波的系統，在接收機端需要複雜的電路來產生與調變器的載波有相同頻率及相位的本地載波，以完成同步解調的目的。但這種系統對於發射機的功率需求而言是很有效的，尤其是在點對點(point-to-point)的通信中，每個發射機均對應一個接收機，雖然接收機需要複雜的電路，但發射機因功率的需求不高，可大量降低成本。

　　DSB-SC 調變信號可表示如下式：

$$g(t) = m(t)c(t) \dots\dots\dots(4.1)$$

上式中$g(t)$為已調變信號，$m(t)$為調變信號，$c(t)$為載波信號。載波可假設是$\cos(2\pi f_c t)$，f_c為載波頻率，調變信號以普通函數$m(t)$表之，同時它的變化比載波慢。因此(4.1)式可寫成$g(t) = m(t)\cos\omega_c t$，如圖 4.1(a)所示，其頻譜分別表示如下：

$$\mathcal{F}\{m(t)\} = M(\omega)$$
$$\mathcal{F}\{m(t)\cos\omega_c t\} = \frac{1}{2}[M(\omega + \omega_c) + M(\omega - \omega_c)] \dots\dots(4.2)$$

已調變信號的頻寬為$2B$，它是調變信號$m(t)$頻寬的兩倍，如圖 4.1(c)所示。另外從圖 4.1(c)中可觀察到被調變過載波的頻譜集中在ω_c處，位於ω_c以上的部份被稱為上旁波帶 USB(upper sideband)，位於ω_c以下的部份被稱為下旁波帶 LSB(lower sideband)。同樣地，頻譜集中在$-\omega_c$處以可分為 USB 及 LSB。

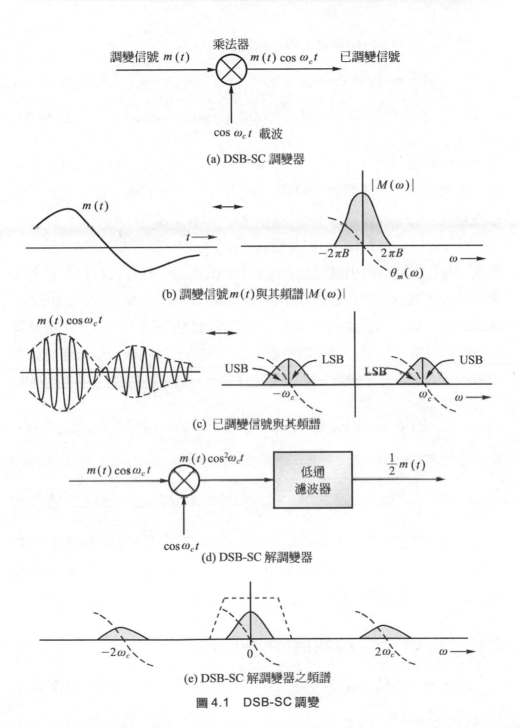

(a) DSB-SC 調變器

(b) 調變信號 $m(t)$ 與其頻譜 $|M(\omega)|$

(c) 已調變信號與其頻譜

(d) DSB-SC 解調變器

(e) DSB-SC 解調變器之頻譜

圖 4.1　DSB-SC 調變

例如設定$m(t)=\cos\omega_m t$，則已調變信號成爲

$$m(t)\cos\omega_c t = \cos\omega_m t\cos\omega_c t$$

$$= \frac{1}{2}[\cos(\omega_c+\omega_m)t + \cos(\omega_c-\omega_m)t]\text{..................}(4.3)$$

對應於調變信號的頻率ω_m，可得$\omega_c+\omega_m$爲上旁波帶，$\omega_c-\omega_m$爲下旁波帶。從上式可知已調變信號$m(t)\cos\omega_c t$含有$\omega_c+\omega_m$頻率成分，但並無載波頻率成分ω_c，因此被稱爲雙旁波帶抑止載波調變(DSB-SC)。

從公式(4.1)可知DSB-SC調變是轉移基頻帶信號到載波頻譜$\pm\omega_c$上，因此欲從已調變信號中恢復原來的信號$m(t)$必需將頻譜再轉移至它原來的位置，這處理的過程被稱爲解調(demodulation)或檢波(detection)。假設圖 4.1(c)中的已調變載波頻譜再被$\pm\omega_c$轉移一次，就可獲得所希望的基頻帶頻譜及一個在$\pm 2\omega_c$處不想要的頻譜，它可經由一個低通濾波器(lowpass filter)將其抑止，如圖4.1(e)所示，這可直接由下列各式證明

$$[m(t)\cos\omega_c t](\cos\omega_c t)=\frac{1}{2}[m(t)+ m(t)\cos 2\omega_c t]\text{.................}(4.4a)$$

及 $$\mathcal{F}\{(m(t)\cos\omega_c t)(\cos\omega_c t)\}$$

$$=\frac{1}{2}M(\omega)+\frac{1}{4}[M(\omega+2\omega_c)+ M(\omega-2\omega_c)]\text{.......................}(4.4b)$$

另外值得注意的是基頻帶信號頻寬B與ω_c間之關係，從圖 4.1 可明顯的看出$\omega_c\geq 2\pi B$能防止$M(\omega+\omega_c)$與$M(\omega-\omega_c)$相重疊，換句話說就是當$\omega_c<2\pi B$時，基頻帶信號$m(t)$就無法從已調變信號$m(t)\cos\omega_c t$中取出。

4.1-1　DSB-SC 調變器(modulator)

DSB-SC調變器有許多不同的方式，此處討論一些較普遍的調變器。

乘法調變器(multiplier modulator)

乘法調變器的調變是使用一個類比乘法器使輸入信號$m_1(t)$與$m_2(t)$直接相乘,且其輸出信號與兩個輸入信號的乘積成正比,也就是$Km_1(t)m_2(t)$,如圖4.2所示。

圖4.2　DSB-SC乘法調變器

非線性調變器(nonlinear modulators)

非線性調變器的調變是利用非線性裝置,其特性如圖4.3(a)所示,一個半導體的二極體或電晶體均有此種特性。

非線性特性可用一冪級數(power series)來表示其近似值

$$i = ae + be^2 \quad\text{..}(4.5)$$

圖4.3(b)就是用非線性元件來產生調變的電路圖,圖中的非線性元件與電阻相串聯,其端電壓e與電流i的關係為(4.5)式。電壓e_1及e_2分別為

$$e_1 = \cos\omega_c t + m(t) \quad 及 \quad e_2 = \cos\omega_c t - m(t)$$

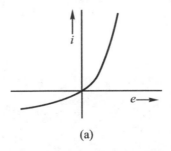

(a)

圖4.3　非線性 DSB-SC 調變器

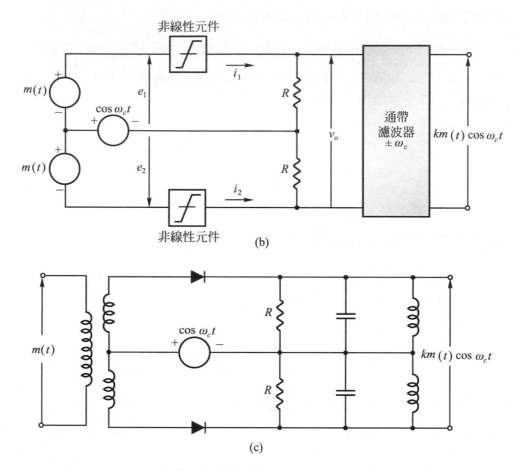

圖 4.3　非線性 DSB-SC 調變器(續)

因此，電流 i_1 及 i_2 分別為

$$i_1 = ae_1 + be_1^2$$

$$= a[\cos\omega_c t + m(t)] + b[\cos\omega_c t + m(t)]^2 \quad\text{.........................(4.6a)}$$

及 $\quad i_2 = a[\cos\omega_c t - m(t)] + b[\cos\omega_c t - m(t)]^2 \quad\text{...........................(4.6b)}$

此時輸出電壓 v_o 為

$$v_o = i_1 R - i_2 R = 2R[2bm(t)\cos\omega_c t + am(t)] \text{.........................}(4.6c)$$

在(4.6c)中的信號$am(t)$能使用一個頻率在ω_c處的通帶濾波器(bandpass filter)將其濾掉，僅剩下前一項$4bR_m(t)\cos\omega_c t$或$Km(t)\cos\omega_c t$表示。非線性元件是使用二極體時，則如圖4.3(c)所示。

交換(式)調變器(switching modulators)

調變過程中所需的乘法運算可以用較簡單的開關切換操作來完成，也就是說基頻帶信號$m(t)$除了可乘以純正弦波外，還可乘以角頻率為ω_c的任何週期信號。

圖4.4(b)中的方形脈波序列$K(t)$就是一個週期信號，它的**傅立葉級數**已在公式(3.15c)中推導過如

$$K(t) = \frac{1}{2} + \frac{2}{\pi}\left(\cos\omega_c t - \frac{1}{3}\cos 3\omega_c t + \frac{1}{5}\cos 5\omega_c t \cdots\right)\text{...............}(4.7)$$

信號$m(t)K(t)$則為

$$m(t)K(t) = \frac{1}{2}m(t) + \frac{2}{\pi}\left(m(t)\cos\omega_c t - \frac{1}{3}m(t)\cos 3\omega_c t\right.$$
$$\left. + \frac{1}{5}m(t)\cos 5\omega_c t \cdots\right)\text{..................................}(4.8)$$

經過傅立葉轉換後成為

$$\mathcal{F}\{m(t)K(t)\} = \frac{1}{2}M(\omega) + \frac{2}{\pi}\sum_{n=1,3,5,\cdots}\frac{(-1)(n-1)/2}{n}$$
$$[M(\omega+n\omega_c) + M(\omega-n\omega_c)]\text{.........................}(4.9)$$

乘積$m(t)K(t)$及其頻譜如圖4.4(c)所示，當信號$m(t)K(t)$經過一個頻率在ω_c處的通帶濾波器時，其輸出即為所想要的已調變信號$(2/\pi)m(t)\cos\omega_c t$，如圖4.4(d)所示。

CH**4**

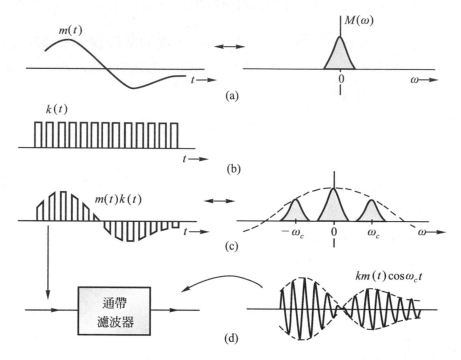

圖 4.4 DSB-SC 開關調變器

一個信號被乘以一方波脈波序列，實際上就是一開關操作，利用被 $K(t)$ 所控制的簡單開關元件可使信號 $m(t)$ 週期性的開及關，圖 4.5(a)顯示並聯電橋(shunt-bridge)二極體調變器，其中二極體 D_1，D_2 及 D_3，D_4 是匹配對。在假定振幅 $A \gg m(t)$ 的條件下，當信號 $A \cos \omega_c t$ 的極性使端點 c 的電位高於端點 d 時，因為 D_1 及 D_2 為匹配，端點 a 及 b 為等電位，於是在這半週內輸入信號到通帶濾波器的路徑被短路。在下一個半週時，端點 d 的電位高於端點 c 使 4 個二極體均不導通，使輸入信號 $m(t)$ 到達通帶濾波器的輸入端，這是載波 $A \cos \omega_c t$ 每一週重覆地使信號 $m(t)$ 交換的開或關。在圖 4.5(a)中的二極體電橋是與 $m(t)$ 相並聯，因此被稱為**並聯電橋二極體調變器**。但當二極體電橋與 $m(t)$ 相串聯時就成為**串聯電橋二極體**

調變器，如圖 4.5(b)所示，當端點 c 的電位高於端點 d 時，所有的二極體 D 均導通，使端點 a，b 使等電位，輸入信號 $m(t)$ 可到達通帶濾波器，完成調變的作用，當端點 c 的電位低於端點 d 時，所有二極體 D 均不導通，以致輸入信號無法到達輸出端上。

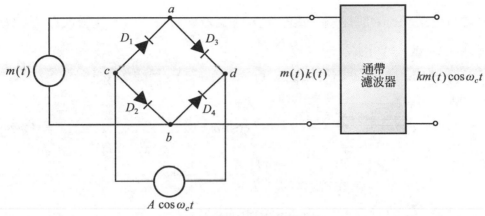

(a) 並聯電橋二極體調變器

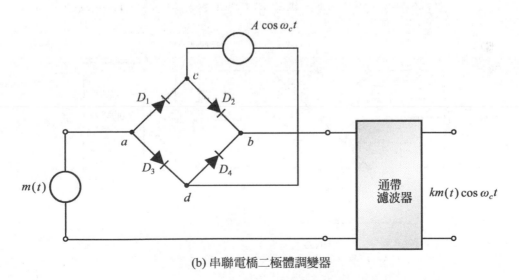

(b) 串聯電橋二極體調變器

圖 4.5　DSB-SC 開關調變器

　　另外一種**開關調變器**被稱為**振鈴調變器**(ring modulator)，以圖4.6說明。在載波的正半週時，二極體D_1及D_3導通，D_2及D_4不導通，因此端點a與端點c相連接，端點b與端點d相連接。在載波的負半週時，二極體D_1及D_3不導通，D_2及D_4導通，使端點a與端點d相連接，端點b與端點c相連接。於是輸出的信號在正半週時與輸入信號$m(t)$成比例及在負半週時與輸入信號$-m(t)$成比例。實際上，這就是$m(t)$被一個方波脈波序列$k'(t)$相乘，如圖4.6(a)所示。

　　此處的$k'(t)$與(4.7)式相同，只是令$A=2$及消除d_c項：

$$k\gamma(t) = \frac{4}{\pi} \sum_{n=1,3,5,\cdots} \frac{(-1)^{(n-1)/2}}{n} \cos n\omega_c t \quad\text{.....................................(4.10a)}$$

及

$$m(t)k\gamma(t) = \frac{4}{\pi} \sum_{n=1,3,5,\cdots} \frac{(-1)^{(n-1)/2}}{n} m(t)\cos n\omega_c t \quad\text{....................(4.10b)}$$

　　信號$m(t)k'(t)$如圖 4.6(d)所示，當這波形通過圖 4.6(a)中的一個頻率在ω_c處的通帶濾波器，就可得到所想要的信號$(4/\pi)m(t)\cos\omega_c t$。

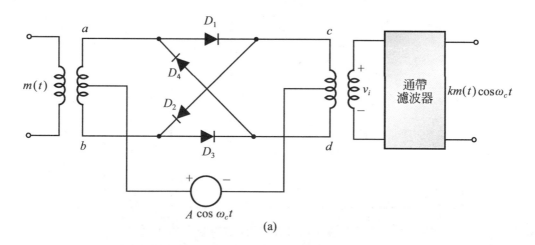

(a)

圖 4.6　振鈴調變器

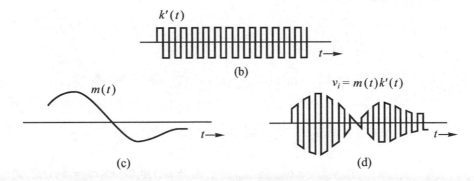

圖 4.6　振鈴調變器(續)

平衡調變器(balanced modulator)

　　在下一節中，我們將可發現產生$m(t)\cos\omega_c t + A\cos\omega_c t$的信號比產生 DSB-SC$m(t)\cos\omega_c t$的信號容易的多，因此我們在平衡調變器中，用兩個 $m(t)\cos\omega_c t + A\cos\omega_c t$信號產生器以產生 DSB-SC 信號，如圖 4.7 所示。

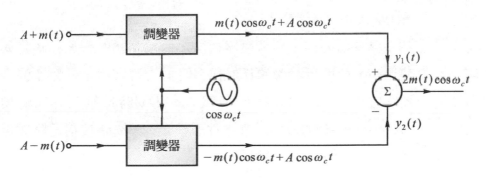

圖 4.7　平衡調變器

　　兩個產生器的輸出是

$$y_1(t) = m(t)\cos\omega_c t + A\cos\omega_c t$$

$$y_2(t) = -m(t)\cos\omega_c t + A\cos\omega_c t$$

平衡調變器的輸出

$$y(t) = y_1(t) - y_2(t) = 2m(t)\cos\omega_c t$$

例 4.1　**頻率混合器**(frequency mixer)或**頻率轉換器**(frequency converter)，頻率混合器或頻率轉換器是被用來改變已調變信號$m(t)\cos\omega_c t$的載波頻率ω_c至另一其它頻率ω_I。

解　這可利用$m(t)\cos\omega_c t$乘以$2\cos(\omega_c + \omega_I)$或$2\cos(\omega_c - \omega_I)t$之後，其乘積經一通帶濾波器而完成，如圖4.8(a)所示。

其乘積$x(t)$是

$$x(t) = 2m(t)\cos\omega_c t\cos(\omega_c + \omega_I)t$$
$$= m(t)[\cos\omega_I t + \cos(2\omega_c t + \omega_I)t]$$

$m(t)\cos(2\omega_c + \omega_I)t$的頻譜如圖4.8(b)所示，集中在$2\omega_c + \omega_I$的信號，可利用調諧頻率在$\omega_I$的通帶濾波器將其濾掉，僅剩下$m(t)\cos\omega_I t$的信號輸出。

頻率混合器的作用與調變器相同，使被調變的載波頻率從ω_c變至ω_I，前面所討論的任一種調變器均可被用來當頻率混合器，當本地載波(local carrier)是$\omega_c + \omega_I$時被稱為昇頻轉換(up-conversion)操作；當本地載波是$\omega_c - \omega_I$時被稱為降頻轉換(down-conversion)操作。

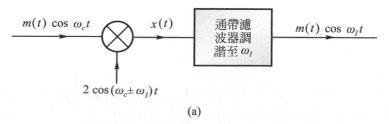

(a)

圖 4.8　頻率混合器或轉換器

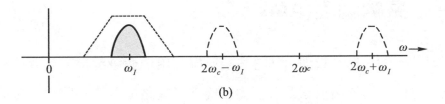

(b)

圖4.8 頻率混合器或轉換器(續)

4.1-2 DSB-SC 信號的解調(demdulation)

DSB-SC信號的解調是將接收機端的輸入信號被乘以一個頻率及相位與調變器載波同步(synchronism)的本地載波，其乘積通過一低通濾波器即可得到原來的基頻帶信號，如圖4.1(d)所示。

從以上討論，我們知道解調器與調變器極為相似，僅是在輸出濾波器上有所不同，解調器的輸出濾波器為低通濾波器，而調變器的輸出濾波器為通帶濾波器，因此前面所討論的調變器亦可被用來當作解調器，只要將通帶濾波器改為低通濾波器即可。

例 4.2　試分析圖4.5(a)中的交換調變器可被用作同步解調器之用。

解　輸出信號是$m(t)\cos\omega_c t$，載波使輸入信號成為週期交換的開及關，其輸出信號成為$m(t)\cos\omega_c t K(t)$

$$m(t)\cos\omega_c t K(t)$$

$$= m(t)\cos\omega_c t \left[\frac{1}{2} + \frac{2}{\pi}\sum_{n=1,3,5,\cdots}\frac{(-1)^{(n-1)/2}}{n}\cos n\omega_c t\right]$$

$$= \frac{1}{\pi}\cdot m(t) + 集中在\omega_c,2\omega_c,\cdots其他各項$$

當此信號通過一低通濾波器後，輸出就是想要的信號$\left(\frac{1}{\pi}\right)m(t)$。

4.2 振幅調變(AM)

　　對於一個廣播系統而言，許多接收機共用一個發射機，此時就需要一個昂貴的高功率發射機及許多價錢便宜、電路簡單的接收機。像這樣系統的應用，是將 DSB-SC 信號$m(t)\cos\omega_c t$與一個大的載波信號同時發射，於是在接收機中就不需要本地載波了。我們稱此為雙旁波帶大載波調變DSB-LC(double-sideband-large-carrier)，又因為商用廣播電台是用這種方式傳輸信號，於是普遍都稱為振幅調變(AM)。

　　AM信號是DSB-SC信號加上一載波項，表示如下：

$$\phi_{\text{AM}}(t) = m(t)\cos\omega_c t + A\cos\omega_c t \dots\dots\dots(4.11\text{a})$$
$$= [A + m(t)]\cos\omega_c t \dots\dots\dots (4.11\text{b})$$

$\phi_{\text{AM}}(t)$的頻譜為

$$\Phi_{\text{AM}}(\omega) = \frac{1}{2}[M(\omega+\omega_c) + M(\omega-\omega_c)]$$
$$+ \pi A[\delta(\omega+\omega_c) + \delta(\omega-\omega_c)] \dots\dots\dots(4.11\text{c})$$

　　從(4.11c)式得知$\phi_{\text{AM}}(t)$的頻譜就是在DSB-SC信號$m(t)\cos\omega_c t$的頻譜上，另外再上兩條位於$\pm\omega_c$處的脈衝(impulse)，如圖 4.9 所示。

　　現將圖4.9中最下面的 AM 訊號與頻譜以圖4.10更清楚地顯示其關係。圖中f_c是載波頻率，$f_c + f_m$是上旁波帶(USB)訊號，$f_c - f_m$是下旁波帶(LSB)訊號。

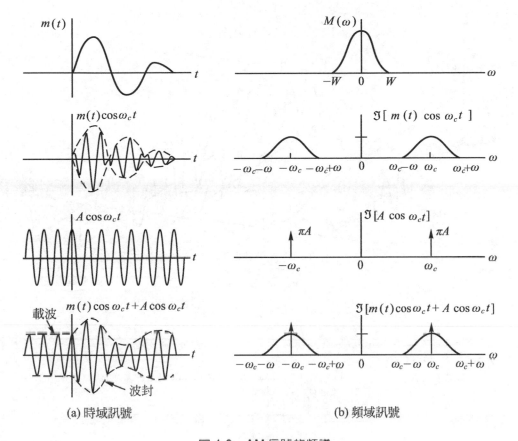

(a) 時域訊號　　　　　　　　　　　　　　(b) 頻域訊號

圖 4.9　AM 信號的頻譜

已知語音訊號之頻率範圍是 300 Hz 至 3000 Hz，經與載波頻率做振幅調變後，其頻譜如圖 4.11 所示。

若載波頻率是 2.8 MHz，其最大及最小的旁波帶頻率分別是

$$f_{\text{USB}} = 2800 + 3 = 2803 \text{ kHz}$$

及　　　$$f_{\text{LSB}} = 2800 - 3 = 2797 \text{ kHz}$$

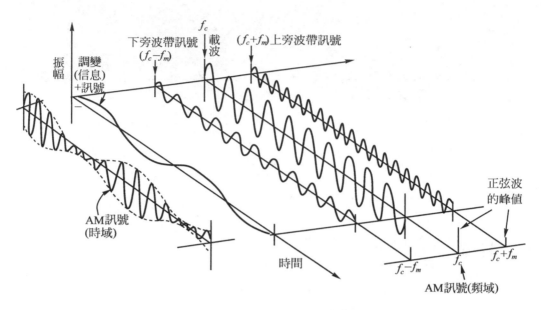

圖 4.10 AM 訊號與其頻譜

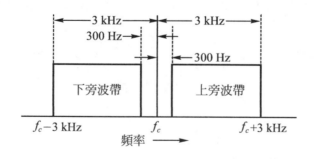

圖 4.11 語音調變 AM 訊號的上旁波帶與下旁波帶

因而整個頻帶寬為

$$BW = f_{\text{USB}} - f_{\text{LSB}} = 2803 - 2797 = 6 \text{ kHz}$$

AM 訊號的頻帶寬是調變訊號最大頻率的 2 倍，亦就是 $BW = 2f_m$，此處 f_m 是最大的調變頻率。此例中語音訊號的最大頻率是 3 kHz，則頻帶寬是

$$BW = 2(3 \ \text{kHz}) = 6 \ \text{kHz}$$

例 4.3 一個標準的 AM 廣播電台允許調變信號之最大頻率是 5 kHz，載波頻率是 980 kHz，計算 AM 廣播電台所佔有的最大及最小之上旁波帶及下旁波帶及總頻帶寬。

解 最大上旁波帶 $f_{\text{USB}} = 980 + 5 = 985 \ \text{kHz}$

最小上旁波帶 $f_{\text{LSB}} = 980 - 5 = 975 \ \text{kHz}$

總頻帶寬 $BW = f_{\text{USB}} - f_{\text{LSB}} = 985 - 975 = 10 \ \text{kHz}$

或 $BW = 2(5 \ \text{kHz}) = 10 \ \text{kHz}$。

一個商用 AM 廣播電台的頻譜是由 540 kHz 到 1600 kHz，每一電台間之間格是 10 kHz，如圖 4.12 所示。第一個 AM 廣播頻段是由 535 kHz 到 545 kHz，形成一個 10 kHz 之頻道。最大的頻道頻率是 1600 kHz，其頻段是由 1595 kHz 至 1605 kHz，整個 AM 廣播電台共有 107 個 10 kHz 寬的頻道。

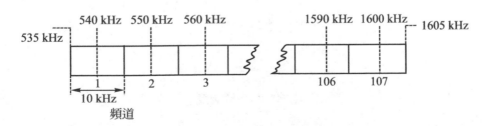

圖 4.12　AM 廣播電台頻譜

調變指數

　　傳送中的AM訊號是否正確，失眞(distortion)程度如何，可由調變指數m(modulation index)來表示，現以圖 4.13 說明。圖 4.13(a)中是單一頻率的正弦波調變訊號，振幅最大值是V_m，圖 4.13(b)中是已調變的AM 訊號，載波最大值振幅是V_c，調變指數m可定義爲

$$m = \frac{V_m}{V_c}$$

若調變訊號的電壓是 7.5 V，載波電壓是 9 V，則調變指數$m = \dfrac{7.5}{9} = 0.833$。

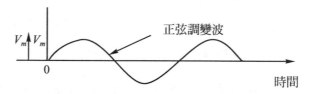

(a) 單一頻率的正弦波調變訊號

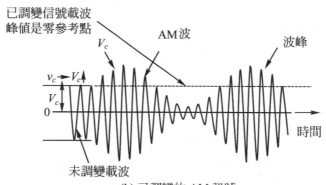

(b) 已調變的 AM 訊號

圖 4.13　AM 調變

正常情況下，AM 訊號的調變指數介於 0 與 1 之間，若調變訊號的振幅大於載波的振幅，亦就是 m 大於 1，將使 AM 訊號失真，如圖 4.14 所示失真太大時，會使傳送的語音無法識別。

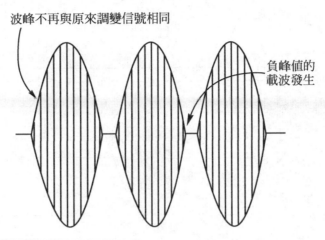

圖 4.14　當 $V_m > V_c$ 時，AM 訊號的波峰產生過度調變之失真

在實驗室中，以示波器量測 AM 訊號，如圖 4.15 所示，調變訊號振幅

$$V_m = \frac{V_{max} - V_{min}}{2}$$

而載波振幅

$$V_c = \frac{V_{max} + V_{min}}{2}$$

因而調變指數

$$m = \frac{V_{max} - V_{min}}{V_{max} + V_{min}}$$

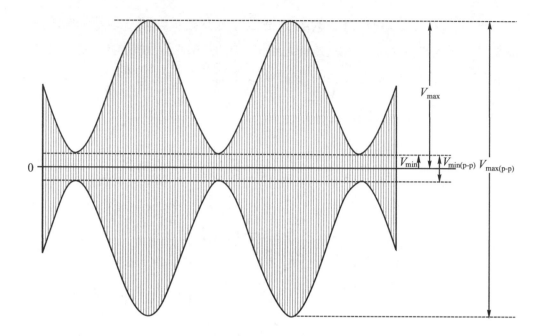

圖 4.15　示波器中 AM 訊號的最大值 $V_{\max}$ 及最小值 $V_{\min}$

例 4.4　從示波器上看到一個 AM 訊號，最大的振幅值 $V_{\max(p-p)}$ 是 $5.9\,V$ ，最小的振幅值 $V_{\min(p-p)}$ 是 $1.2\,V$，(a)計算調變指數，(b)計算載波振幅 V_c 及調變訊號振幅 V_m。

解　(a)調變指數

$$m = \frac{V_{\max} - V_{\min}}{V_{\max} + V_{\min}} = \frac{5.9 - 1.2}{5.9 + 1.2} = 0.662$$

(b)載波振幅

$$V_c = \frac{V_{\max} + V_{\min}}{2} = \frac{5.9 + 1.2}{2} = 3.55\ V$$

調變訊號振幅

$$V_m = \frac{V_{\max} - V_{\min}}{2} = \frac{5.9 - 1.2}{2} = 2.35\ V$$

例 4.5 當調變信號$m(t) = a\cos\omega_m t$與調變指數$m = 0.5$及$m = 1$時，劃出$\phi_{AM}(t)$的圖形。

解 本題中，因為調變信號$m(t) = a\cos\omega_m t$為一純的正弦波，所以產生的 AM 信號$\phi_{AM}(t)$被稱為**音調調變**(tone modulation)。其調變指數為

$$m = \frac{V_m}{V_c} = \frac{a}{A}$$

因此$m(t) = a\cos\omega_m t = mA\cos\omega_m t$

及
$$\phi_{AM}(t) = [A + m(t)]\cos\omega_c t$$
$$= A[1 + m\cos\omega_m t]\cos\omega_c t$$

圖 4.16(a)及(b)顯示以調變信號$\phi_{AM}(t)$在$m = 0.5$及$m = 1$時的圖形。

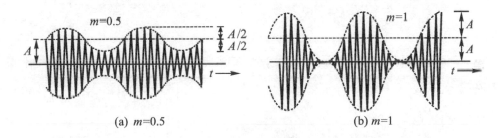

(a) $m=0.5$　　　　　　　　(b) $m=1$

圖 4.16　音調被調變的 AM

AM 功率

在無線電傳輸中，AM 訊號經由功率放大器放大後，饋送到一個具有特性阻抗的天線上，再輻射到**空間**中。實際上 AM 訊號是由載波及兩個旁波帶訊號電壓合成而得，這些訊號在天線上產生功率。整個發射功率P_T僅是由載波功率P_c及兩個旁波帶功率P_{USB}及P_{LSB}相加而成，就是

$$P_T = P_c + P_{\text{LSB}} + P_{\text{USB}}$$

AM訊號上的功率分佈情形，可由原始的 AM 訊號的數學式來計算：

$$V_{\text{AM}} = V_c \sin 2\pi f_c\, t + \frac{V_m}{2} \cos 2\pi (f_c - f_m)\, t + \frac{V_m}{2} \cos 2\pi (f_c + f_m)\, t$$

上式中第一項是載波，第二項是下旁波帶，第三項是上旁波帶。其中 V_c 及 V_m 分別是載波及調變訊號的峰值(peak value)。

在計算功率時，電壓要以均方根值(root mean square；rms)表示。因此電壓峰值轉換為均方根值時要除以 $\sqrt{2}$ 或是乘上 0.707。於是 AM 訊號的載波及旁波帶的均方值電壓為

$$V_{\text{AM}} = \frac{V_c}{\sqrt{2}} \sin 2\pi f_c\, t + \frac{V_m}{2\sqrt{2}} \cos 2\pi (f_c - f_m)\, t$$

$$+ \frac{V_m}{2\sqrt{2}} \cos 2\pi (f_c + f_m)\, t$$

接著載波及旁波帶的功率計算，可以利用功率公式 $P = V^2/R$。此處 P 是輸出功率，V 是均方根值輸出電壓，R 是負載阻抗的電阻部份，通常這負載指的是天線。

將 AM 訊號的載波及旁波帶上之電壓帶入功率公式中，可得總功率：

$$P_T = \frac{(V_c/\sqrt{2})^2}{R} + \frac{(V_m/2\sqrt{2})^2}{R} + \frac{(V_m/2\sqrt{2})^2}{R} = \frac{V_C^2}{2R} + \frac{V_m^2}{8R} + \frac{V_m^2}{8R}$$

已知調變指數 $m = \dfrac{V_m}{V_c}$，可寫成 $V_m = m V_c$

於是總功率可以藉由載波功率來表示

$$P_T = \frac{V_c^2}{2R} + \frac{(mV_c)^2}{8R} + \frac{(mV_c)^2}{8R}$$

既然已知均方根載波功率 $P_c = \dfrac{V_c^2}{2R}$，於是總功率可寫成

$$P_T = \frac{V_c^2}{2R}\left(1 + \frac{m^2}{4} + \frac{m^2}{4}\right) = P_c\left(1 + \frac{m^2}{2}\right)$$

例 4.6 一個 AM 發射機的載波功率是 30 W，調變指數是 0.85，計算(a)總功率，(b)單旁波帶上之功率

解

(a) $P_T = P_c\left(1 + \dfrac{m^2}{2}\right) = 30\left[1 + \dfrac{(0.85)^2}{2}\right] = 40.8$ W

(b) 雙旁波帶功率 $P_{DSB} = P_T - P_c = 40.8 - 30 = 10.8$ W

單旁波帶功率 $P_{SSB} = \dfrac{P_{DSB}}{2} = \dfrac{10.8}{2} = 5.4$ W

實際上，AM 訊號的功率很難由輸出電壓計算出，但很容易經由量測負載中的電流而計算出，通常是在負載的天線上串接一個射頻電流表 (RF ammeter)，然後觀看天線的電流值。當天線的阻抗已知，輸出功率很容易利用下式計算

$$P_T = I_T^2 R$$

此處，$I_T = I_c\sqrt{\left(1 + \dfrac{m^2}{2}\right)}$，$I_c$是負載中未調變載波的電流值，$m$是調變指數。

例 **4.7**　一般天線的阻抗是 50 Ω，AM 訊號未調變載波的電流是4.8 A
，調變指數是 0.9，計算(a)載波功率，(b)總功率，(c)旁波帶
功率

解　(a)$P_c = I^2 R = (4.8)^2 (50) = 1152$ W

(b)$I_T = I_c \sqrt{1 + \dfrac{m^2}{2}} = 4.8 \sqrt{1 + \dfrac{(0.9)^2}{2}} = 5.7$ A

$P_T = I_T^2 R = (5.7)^2 (50) = 1625$ W

(c)$P_{SB} = P_T - P_c = 1625 - 1152 = 473$ W

AM 信號的產生

AM 信號能由 DSB-SC 調變器產生，只要將調變信號由$m(t)$改爲
$A + m(t)$。但 AM 能以較簡單的方法來產生，例如從圖4.3的非線性調
變器的兩分路(branch)之一就可產生 AM 信號，由(4.6a)式知非線性調
變器的上分路的輸出電壓是$i_1 R$

$$
\begin{aligned}
i_1 R &= R[a(\cos\omega_c t + m(t)) + b(\cos\omega_c t + m(t))^2] \\
&= \underbrace{aR\cos\omega_c t + 2Rbm(t)\cos\omega_c t}_{\text{AM}} + \underbrace{aRm(t) + bm^2(t) + b\cos^2\omega_c t}_{\text{被通帶濾波器抑止}}
\end{aligned}
$$

當這信號通過一調諧在ω_c處的通帶濾波器後，最後三項被抑止，只有前
二項通過，這就是 AM 信號。

同樣地，也可從開關調變器產生 AM 信號，但並不需要如圖4.5及
圖4.6中的二極體電橋，而僅要一個二極體做爲開關，如圖4.17所示。

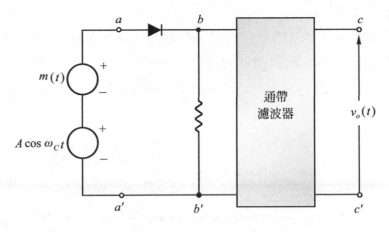

圖 4.17　AM 產生器

　　圖 4.17 的輸入信號是 $A\cos\omega_c t + m(t)$ 但需滿足 $A \gg m(t)$ 的條件，以致二極體的開關作用由 $A\cos\omega_c t$ 控制，二極體隨著 $\cos\omega_c t$ 週期地導通及不導通，這就類似輸入信號 $(A\cos\omega_c t + m(t))$ 與 $K(t)$ 相乘，跨於 bb' 端點上的電壓是

$$
\begin{aligned}
v_{bb'} &= (A\cos\omega_c t + m(t))K(t) \\
&= (A\cos\omega_c t + m(t))\left[\frac{1}{2} + \frac{2}{\pi}\left(\cos\omega_c t - \frac{1}{3}\cos 3\omega_c t\right.\right. \\
&\qquad \left.\left. + \frac{1}{5}\cos 5\omega_c t \cdots\right)\right] \\
&= \underbrace{\frac{A}{2}\cos\omega_c t + \frac{2}{\pi}m(t)\cos\omega_c t}_{\text{AM}} + \underbrace{\text{其他項}}_{\text{被通帶濾波器抑止}}
\end{aligned}
$$

通帶濾波器調諧在 ω_c 處，可抑止其他項，在輸出端得到 AM 信號。

二極體調變器

最簡單的AM產生器是二極體調變器(diode modulator)，如圖4.18所示。它包含有一個電阻混合網路(Mixing network)，一個二極體整流器及一個LC通帶調諧電路(LC tuned circuit)。其相關之波形如圖 4.19所示。

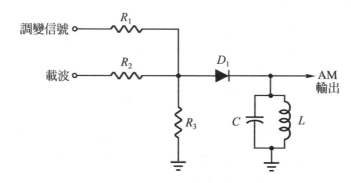

圖4.18　二極體調變器

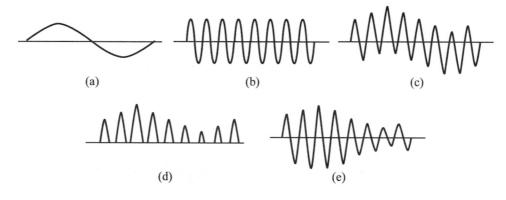

圖4.19　二極體調變器的波形

調變信號是被加在電阻R_1輸入端上，如圖 4.19(a)所示，載波信號是被加在電阻R_2上，如圖 4.19(b)所示，兩個輸入信號在電阻R_3上相互混合，如圖4.19(c)所示，載波信號是在調變信號上，這信號並非是AM信號。調變是一個相乘過程，並非加法過程。

接著合成信號波形被加在二極體整流體上，它只允許正半週信號通過，負半週信號被截止，如圖 4.19(d)所示，通過二極體的正半週信號的振幅是隨著調變信號的振幅而變化。這信號加到LC調變電路，LC調變器的調諧頻率是載波頻率，它會產生如圖4.19(e)所示的AM信號。

電晶體調變器

將二極體調變器中的二極體以電晶體取代，可形成一個有增益的改良型的電晶體調變器，如圖4.20所示。電晶體的射極－基極接面形成二極體，是一個非線性裝置，調變過程與前面所述相同，除了基極電流控制一個較大的某極電流，因而有放大作用。整流過程是在射極－基極接面，這導致調諧電路有較大的半波正弦脈波，因而調諧電路振盪產生AM信號。

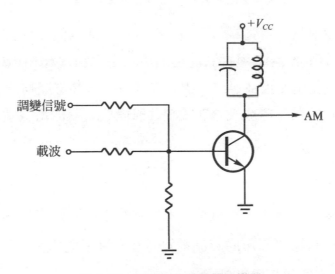

圖 4.20　簡單型的電晶體調變器

　　另外一種電晶體調變器如圖4.21所示，這電路是利用電阻變化的原理產生 AM 信號。載波經由變壓器耦合到A級電晶體放大器的基極上，偏壓是由電壓分配器R_1-R_2產生，就如任一個一級共射極放大器一樣。

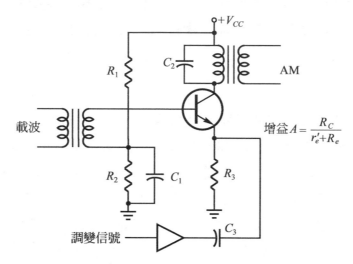

增益 $A = \dfrac{R_C}{r_e' + R_e}$

圖 4.21　一種改良型的電晶體調變器

　　在載波頻率時，電容器C_1上的電抗很小，以致無載波在電阻R_2上。調變信號經由電容器C_3耦合到射極電阻R_3上。因此藉由R_3中的射極電流，產生直流偏壓，這種電路安排允許載波及調變信號均能控制集極電流。根據基本的電晶體放大器理論知共射極放大器的增益為

$$A = \frac{R_c}{R_e + r_e'}$$

其中R_c是集極中的交流負載阻抗，R_e是電路中R_3的外接射極電阻，r_e'是傳導的射極－基極二極體的交流電組，當直流射極電流I_E已知，則$r_e' = 0.025/I_E$，通常電阻R_e遠大於r_e'。

AM 解調器

　　解調器(demodulator)或檢波器(detector)可將接收到的已調變信號恢復成為原來的調變信號。解調器是所有無線電接收機的關鍵電路，有時解調器就是一個簡單的無線電接收機。

二極體檢波器

　　最簡單及廣泛使用的AM解調器是二極體檢波器(diode detector)，如圖 4.22 所示。

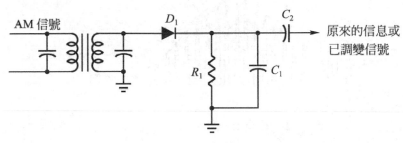

圖 4.22　二極體檢波器

　　圖 4.22 中的 AM 信號經由變壓器耦合至D_1及R_1組成的半波整流電路，當AM信號的正半週時，可使二極體導通，負半週時，二極體逆向偏壓，AM 信號被截止。結果跨在R_1上之電壓是一串正脈波，其振幅大小隨著調變信號改變。電阻R_1上的並聯電容C_1可有效地濾掉截波，因而恢復原來的調變信號。二極體檢波器的波形如圖 4.23 所示。

　　因為電容器的充電、放電、復原的信號會有一些漣波產生，所以通常時間常數R_1及C_1要遠大於載波的週期。又因為二極體檢波器是恢復 AM 信號的波峰，這就是原來的調變信號，因此這電路有時被稱為"波峰檢波器"(envelope detector)。

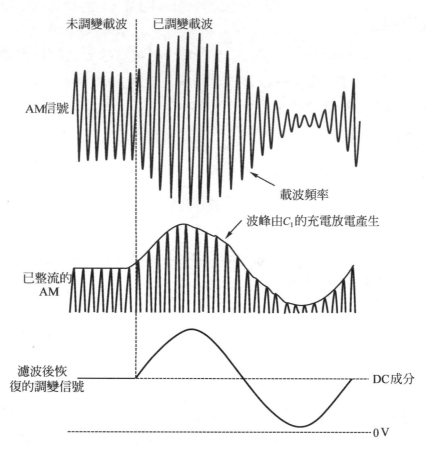

未調變載波 | 已調變載波

AM信號

載波頻率

波峰由C_1的充電放電產生

已整流的
AM

濾波後恢
復的調變信號

DC成分

0 V

圖 4.23　二極體檢波器之波形

同步檢波器

　　同步檢波器是在接收機中使用一個與發射機相同載波頻率的內在時脈信號(internal clock signal)來使 AM 信號開或關，亦就是 AM 信號被用在一串開關上，隨著載波頻率同步地開或關。通常這開關是一個二極體或電晶體，在 AM 信號的正半週時，開關被時脈信號導通，因而出現跨在負載電阻上，如圖 4.24 所示。在 AM 信號的負半週時，時脈信號使開關關掉，沒有信號到達負載上或濾波電容上，電容器可濾掉載波。

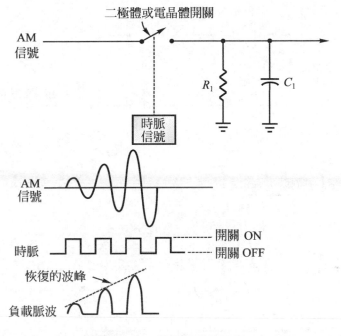

圖 4.24　同步檢波器的運作

　　一個全波同步檢波器如圖 4.25 所示。AM信號同時被加在反相及非反相放大器上，內部產生的載波信號使兩個開關A及B工作。時脈信號導通開關A及截止開關B或導通開關B及截止開關A，這種安排類似一個電子式單極雙擲(single-pole double-throw；SPOT)開關。

　　在 AM 信號的正半週時，開關A饋送此信號經由非反相放大器到達負載上，在 AM 信號的負半週時，開關B連接反相放大器，使信號輸出至負載上，由於負半週信號被反相，結果變成正值，因而構成一個信號的全波整流。

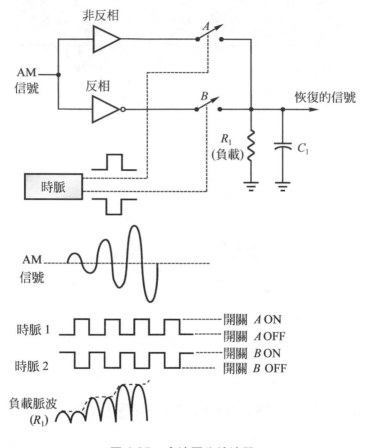

圖 4.25　全波同步檢波器

4.3　單旁波帶信號調變(SSB)

　　DSB 的頻譜有兩個旁波帶，那就是上旁波帶(USB)及下旁波帶(LSB)，任一旁波帶都含有完整的基頻帶信號信息，如圖 4.26 所示。當只有一個旁波帶信號被發射時就被稱為單旁波帶傳輸，它只需要 DSB 信號一半的頻寬。

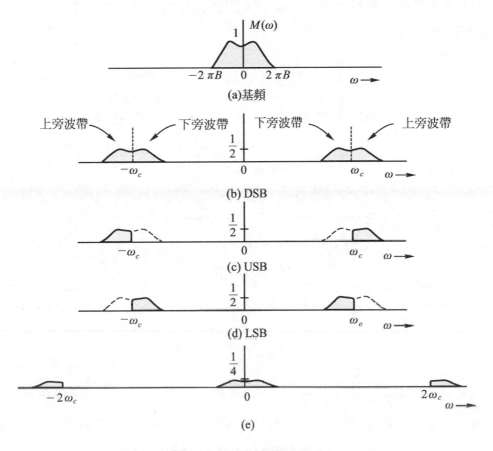

圖 4.26　DSB 及 SSB 頻譜

　　SSB 信號的產生是先產生 DSB 信號，然後利用濾波器抑止其中一個旁波帶，這個過程如圖 4.27 所示，但是濾波器必須在頻率ω_c處有非常陡峭的截止特性，以致能完全排斥另一半不想要的旁波帶，如圖 4.27 (d)、(e)所示，LSB 信號將被抑止，只有 USB 信號通過。

　　SSB 信號是用同步方式解調，例如圖 4.26(c)的 USB 信號被乘以 $\cos\omega_c t$後，其頻譜將如圖 4.26(e)所示，再經由一個低通濾波器，就可產生所想要的基頻帶信號，對於LSB也是以同樣的方式獲得。但值得注意的是SSB信號中亦不含有載波成份,因此它是抑止載波的信號,有時可以 SSB-SC 表示。

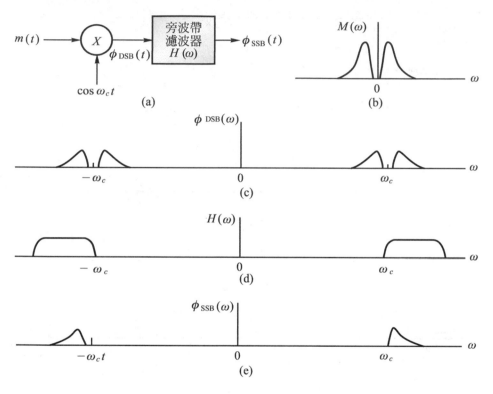

圖 4.27 利用濾波器產生 USB 的 SSB 調變器

要表示時間領域中的SSB信號,我們從SSB的頻譜來探討。圖 4.28 (b)中的頻譜$M_+(\omega)$可表為$M_+(\omega)=M(\omega)U(\omega)$,圖 4.28(c)中的頻譜$M_-(\omega)$可表為$M_-(\omega)=M(\omega)U(-\omega)$。假如令$m_+(t)$及$m_-(t)$分別是$M_+(\omega)$及$M_-(\omega)$的反**傅立葉轉換**,則稱$2m_+(t)$為可分析信號(analytic signal)。因為$|M_+(\omega)|$及$|M_-(\omega)|$並非是ω的偶函數,因此$m_+(t)$及$m_-(t)$是複數信號(complex signal)。同時$M_+(\omega)$及$M_-(\omega)$是共軛的(conjugate),因此$m_+(t)$及$m_-(t)$亦是共軛的。又因為

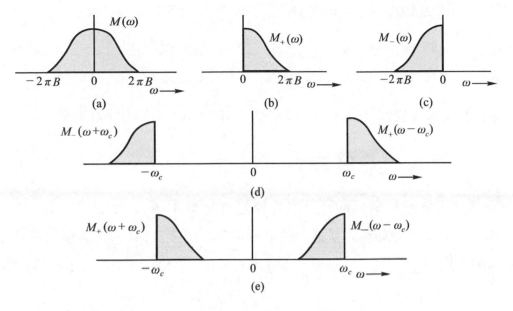

圖 4.28 $M^+(\omega)$ 及 $M^-(\omega)$ 的頻譜

$$m_+(t) + m_-(t) = m(t)$$

所以可將 $m_+(t)$ 及 $m_-(t)$ 分別表示為

$$m_+(t) = \frac{1}{2}[m(t) + jm_h(t)] \dots\dots\dots (4.12a)$$

$$m_-(t) = \frac{1}{2}[m(t) - jm_h(t)] \dots\dots\dots (4.12b)$$

要決定上兩式中的 $m_h(t)$，我們從下式著手：

$$M_+(\omega) = M(\omega)U(\omega)$$

$$= \frac{1}{2}M(\omega)[1 + sgn(\omega)]$$

$$= \frac{1}{2}M(\omega) + \frac{1}{2}M(\omega)sgn(\omega) \dots\dots\dots (4.13a)$$

從(4.12a)式及(4.13a)式可得到

$$\mathcal{F}\{jm_h(t)\} = M(\omega)sgn(\omega) \dots\dots\dots\dots\dots (4.14a)$$

或 $\qquad M_h(\omega) = -jM(\omega)sgn(\omega) \dots\dots\dots\dots (4.14b)$

從傅利葉轉換表(附錄 A)及時間迴旋(time convolution)性質可得

$$m_h(t) = \frac{1}{\pi}\int_{-\infty}^{\infty}\frac{m(\alpha)}{t-\alpha}d\alpha \dots\dots\dots\dots\dots (4.14c)$$

$m_h(t)$這個信號被稱為$m(t)$信號的**希伯特轉換**(Hilbert transform)。從(4.14b)式知，假如$m(t)$通過一轉換函數$H(\omega) = -jsgn(\omega)$，其輸出就是$m_h(t)$，因為

$$\begin{aligned} H(\omega) &= -jsgn(\omega) \\ &= -j = 1e^{-j\pi/2} \ , \ \omega > 0 \\ &= j = 1e^{j\pi/2} \ , \ \omega < 0 \end{aligned}$$

可得到振幅大小及相位

$$|H(\omega)| = 1$$

$$\theta_h(\omega) = \begin{cases} \dfrac{\pi}{2} \ , \ \omega < 0 \\[2mm] -\dfrac{\pi}{2} \ , \ \omega > 0 \end{cases}$$

　　圖 4.29 就是轉換函數$H(\omega)$的振幅大小及相位。因此我們只要將$m(t)$信號的每一成份的相位延遲$-\dfrac{\pi}{2}$就可得到$m(t)$的**希伯特轉換**$m_h(t)$。一個希伯特轉換器就正是一個相移器(phase shifter)。現在我們可以$m(t)$及$m_h(t)$來表示 SSB 信號。圖 4.28(d)的 USB 信號以$\phi_{USB}(t)$表示

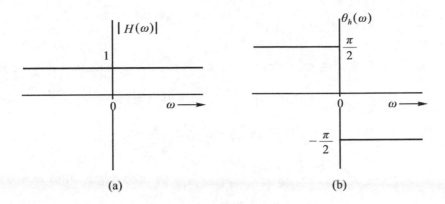

圖 4.29　$H(\omega)$的振幅大小及相位

$$\Phi_{\text{USB}}(\omega) = M_+(\omega - \omega_c) + M_-(\omega + \omega_c)$$

$$\phi_{\text{USB}}(t) = m_+(t)e^{j\omega_c t} + m_-(t)e^{-j\omega_c t}$$

將(4.12a 及 b)式代入上面等式

$$\phi_{\text{USB}}(t) = m(t)\cos\omega_c t - m_h(t)\sin\omega_c t \quad ....\text{(4.15a)}$$

同樣的，可顯示$\phi_{\text{LSB}}(t)$

$$\phi_{\text{LSB}}(t) = m(t)\cos\omega_c t + m_h(t)\sin\omega_c t \quad ....\text{(4.15b)}$$

因此，一般的 SSB 信號$\phi_{\text{SSB}}(t)$能表爲

$$\phi_{\text{SSB}}(t) = m(t)\cos\omega_c t \pm m_h(t)\sin\omega_c t \quad ....\text{(4.15c)}$$

例 4.8　試決定(a)$m(t) = \cos(\omega_c t + \theta)$及(b)$m(t) = 2a/(t^2 + a^2)$的希伯特轉換

解　(a)$M(\omega) = \pi[\delta(\omega - \omega_o)e^{j\theta} + \delta(\omega + \omega_o)e^{-j\theta}]$

因此 $M_h(\omega) = -j\,sgn(\omega)M(\omega)$

利用(4.15)式可得

$$M_h(\omega) = e^{-j\frac{\pi}{2}}\pi\delta(\omega-\omega_o)e^{j\theta} + e^{j\frac{\pi}{2}}\pi\delta(\omega+\omega_o)e^{-j\theta}$$

$$= \pi[\delta(\omega-\omega_o)e^{j(\theta-\pi/2)} + \delta(\omega+\omega_o)e^{-j(\theta-\pi/2)}]$$

令 $\phi = \theta - \dfrac{\pi}{2}$ 及參看附錄 A 第 11 對

$$m_h(t) = \cos(\omega_o t + \phi)$$

$$= \cos\left(\omega_o t + \theta - \frac{\pi}{2}\right)$$

$$= \sin(\omega_o t + \theta)$$

這就代表原來的信號 $m(t) = \cos(\omega_o t + \theta)$ 被相移 $-\dfrac{\pi}{2}$ 後就成

為其希伯特轉換 $m_h(t) = \sin(\omega_o t + \theta)$

(b)從附錄 A 中第 3 對及對稱性質,可得

$$\mathcal{F}\{m(t)\} = T\left\{\frac{2a}{t^2+a^2}\right\} = 2\pi e^{-a|\omega|}$$

因此

$$M_h(\omega) = -j\,sgn(\omega)M(\omega)$$

$$= -j2\pi[e^{-a\omega}U(\omega) - e^{a\omega}U(-\omega)]$$

從(3.3)式可得

$$m_h(t) = -j\left[\frac{1}{a-jt} - \frac{1}{a+jt}\right] = \frac{2t}{t^2+a^2}$$

例 4.9 當調變信號是 $\cos\omega_m t$ 時,找出 $\phi_{\mathrm{SSB}}(t)$ 及其頻譜。

解 $m(t) = \cos\omega_m t$

從例 4.8 得

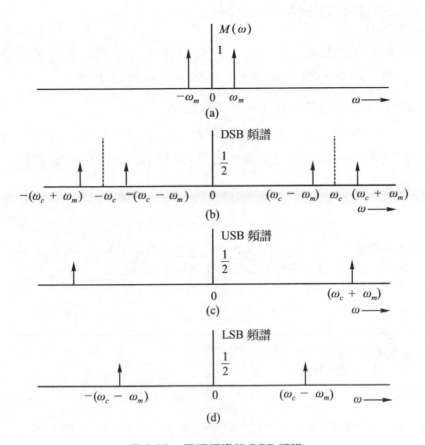

圖 4.30　音調調變的 SSB 頻譜

$$m(t) = \cos\left(\omega_m t - \frac{\pi}{2}\right) = \sin\omega_m t$$

因此從(4.15c)

$$\phi_{\text{SSB}}(t) = \cos\omega_m t\cos\omega_c t \pm \sin\omega_m t\sin\omega_c t$$

$$= \cos(\omega_c \mp \omega_m)t$$

那就是 $\phi_{\text{USB}} = \cos(\omega_c + \omega_m)t$

$$\phi_{\text{LSB}} = \cos(\omega_c - \omega_m)t$$

其頻譜如圖4.30所示。

4.3-1 SSB 的產生

通常有兩種方法產生SSB信號，第一種方法是用陡峭的截止濾波器來消除不想要的旁波帶，第二種方法是用相移電路來完成。

1. 選擇性濾波器(Selection filter)方法

這是最常用來產生SSB信號的方法，這種方法是將一個DSB-SC 信號通過一陡峭的截止濾波器以消除不想要的旁波帶，如圖4.31所示。

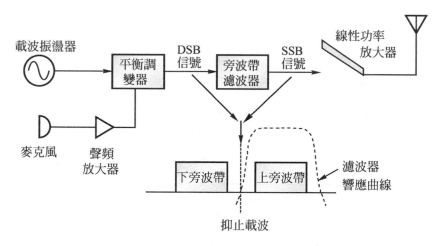

圖 4.31　使用濾波器方法的 SSB 發射機

要得到 USB 信號，濾波器將讓所有頻率在ω_c以上的成份毫不衰減的通過及完全地抑止頻率在ω_c以下的成份，通常不想要的旁波帶至少要衰減 40 dB。

濾波器方式的SSB發射機一般方塊圖，通常是麥克風產生聲音的調變信號被加在聲頻放大器上，其輸出被饋送到平衡調變器的輸入端。一個晶體振盪器產生載波頻率，被加到平衡調變器上的另一個輸入端。平衡調變器的輸出是一個 DSB 信號。SSB 信號的產生是讓 DSB 信號經由一個陡峭的高選擇性通帶濾波器，它可選擇上旁波帶信號 USB 或下旁波信號 LSB。

現舉一例說明，假設通帶濾波器被固定在 1000 kHz，調變信號 f_m 是 2 kHz。平衡調變器會產生和及差頻率。因此載波頻率必須被選定，以致 USB 或 LSB 在 1000 kHz。平衡調變器輸出是 USB $=f_c + f_m$ 及 LSB $=f_c - f_m$。

若設定 USB 在 1000 kHz，載波頻率必是 $f_c + f_m = 1000$，因而 $f_c = 1000 - 2 = 998$ kHz，若設定 LSB 在 1000 kHz，載波頻率必是 $f_c - f_m = 1000$，因而 $f_c = 1000 + 2 = 1002$ kHz，晶體濾波器不但成本低且設計簡單，SSB 發射機中常被用來當濾波器，其中頻是 455 kHz 及 10.7 MHz。

2. **相移方法**

相移方法基本上是基於(4.15)式，圖 4.32 是(4.15)式的實現。方塊中的 " $-\frac{\pi}{2}$ " 是 $\frac{\pi}{2}$ 的相移，它對所有的頻率成分均延遲 $\frac{\pi}{2}$，這也就是**希伯特轉換器**。

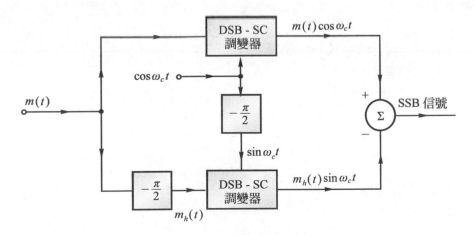

圖 4.32 以相位方法產生 SSB 信號

4.3-2　SSB 的解調

　　在前面已提過 SSB 信號能以同步方式解調，現在立刻加以證明，SSB 信號$\phi_{SSB}(t)$是

$$\phi_{SSB}(t) = m(t)\cos\omega_c t \mp m_h(t)\sin\omega_c t$$

乘上本地載波$\cos\omega_c t$後，於是成為

$$\phi_{SSB}(t)\cos\omega_c t = \frac{1}{2}m(t)[1 + \cos2\omega_c t] \mp \frac{1}{2}m_h(t)\sin2\omega_c t$$

$$= \frac{1}{2}m(t) + \frac{1}{2}[m(t)\cos2\omega_c t \mp m_h(t)\sin2\omega_c t]$$

$\phi_{SSB}(t)$與$\cos\omega_c t$的乘積產生基頻帶信號及另外一個載波為$2\omega_c$的 SSB 信號，其頻譜如圖 4.26(e)所示。一個低通濾波器將抑止不要的 SSB 項，得到想要的基頻帶信號$m(t)/2$，因此 SSB 的解調器與 DSB-SC 中的同步解調器是相同的，所以在 4.1-2 中所提及的同步 DSB-SC 解調器均可用在 SSB 信號的解調，如圖 4.33 所示。

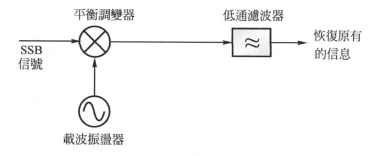

圖 4.33　SSB 解調器

4.4 超外差 AM 接收機

圖 4.34 所示，是用在 AM 系統中的無線電接收機，是一般所謂的超外差(superheterodyne)AM 接收機。它包括有射頻(RF)放大器、頻率轉換器、中頻(IF)(intermediate-frequency)放大器、波封檢波器及一聲頻放大器。

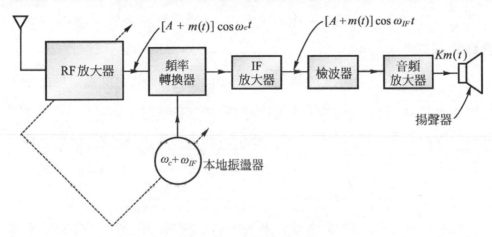

圖 4.34 超外差接收機

射頻放大器基本上是由可調濾波器及一放大器組成，將濾波器調諧至正確的頻帶，就可接收到所欲收聽電台的信息。第二級是頻率轉換器，將載波頻率從 ω_c 轉移到一固定 455 kHz 的中頻，為達到這個目的，它使用一本地振盪器(local oscillator)，其頻率 f_{LO} 正好是比輸入載波頻率 f_c 高出 455 kHz，這就是

$$f_{LO} = f_c + f_{IF}$$

其中 $f_{IF} = 455$ kHz。本地振盪器的調諧與射頻可調濾波器是經由一旋鈕操作。這意思是說,任一電台經由頻率轉換器,將射頻信號轉移到固定的 455 kHz。

將所有電台射頻信號轉移到固定中頻 455 kHz 的理由是為獲得足夠的選擇性。若載波頻率 f_c 是非常高,則很難設計頻寬為 10 kHz(已調變聲音頻譜)陡峭的通帶濾波器,特別是對可調的濾波器。於是,射頻濾波器不能提供足夠的選擇性,及許多鄰近的頻道會被干擾。但當這信號被轉換至 IF 頻率,再經由中頻放大器放大(通常是三級放大器),即能有良好的選擇性。

實際上,真正的選擇性是在中頻部份,射頻部份卻可被忽略。射頻部份主要的作用是抑制鏡像頻率(image frequency)。觀察例 4.1,混合器或轉換器的輸出包含有輸入載波頻率 f_c 及本身振盪器頻率 f_{LO} 間之差,這就是

$$f_{IF} = f_{LO} - f_c$$

現在,若輸入載波頻率 $f_c = 1000$ kHz,於是

$$f_{LO} = f_c + f_{IF} = 1000 + 455 = 1455 \text{ kHz}$$

但是一載波 f_c' 是

$$f_c' = 1455 + 455 = 1910 \text{ kHz}$$

因爲其差$f_c' - f_{LO} = 455$ kHz，將亦含射頻部份拾取。電台在 1910 kHz 可說是電台在 1000 kHz的影像。兩電台間頻率間隔爲$2f_{IF} = 910$ kHz被稱爲鏡像電台(image stations)，若無射頻濾波器在接收機的輸入端，兩電台之信號同時出現在中頻輸出，引起干擾。

接收機轉換載波頻率至中頻，是使本地振盪器的頻率f_{LO} 高於輸入載波頻率(向下轉換)，因此被稱爲超外差接收機(superheterodyne receiver)。第一位介紹超外差原理的是阿姆斯壯(Armstrong)，此種接收機可當作AM、FM及電視等系統接收機。

4.5　分頻多工(FDM)

信號多工制是允許數個信號在同一頻道中傳輸，可分爲分時多工(TDM)(time-division multiplexing)及分頻多工(FDM)(frequency-division multiplexing)兩種；TDM 是數個信號時間分享同一頻道，留在數位信號中討論，FDM 是數個信號分享一個頻道的頻帶，每一信號均被不同的載波頻率調變，當然各載波間要有足夠的距離以避免各已調變信號的相互重疊而引起失眞，如圖4.35所示。這些載波被稱爲**副載波**(subcarriers)，每一信號都可用一種不同的調變方法，例如DSB-SC、AM、SSB、VSB甚至下章所討論的 FM 及 PM。對於已調變信號頻譜之間需要有一小的保護帶(guard band)使之分開，以避免干擾及容易將接收機上的信號分開。

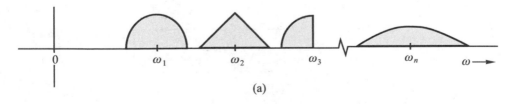

(a)

圖 4.35　分頻多工

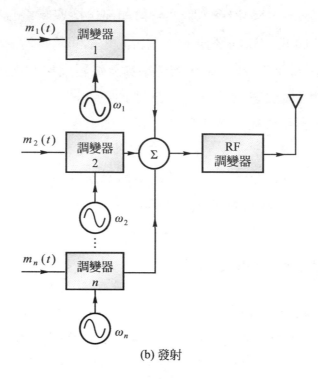

(b) 發射

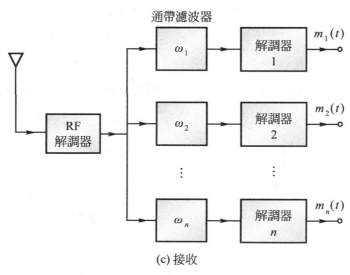

(c) 接收

圖 4.35 分頻多工(續)

　　當所有的已調變信號頻譜被加在一起後，組成一個合成信號，我們認為這是一基頻帶信號，進一步調變一高頻(射頻)載波後，再發射出去。

　　在接收機端，輸入的信號首先被高頻載波解調，取出合成信號，然後經由通帶濾波器將合成信號分解成各不同已調變信號，這些已調變信號再各自地被適當的副載波解調，以獲得最初的基頻帶信號。

　　直到最近，幾乎所有長距離電話頻道都是用 FDM 方式傳輸 SSB 信號，這分工的技術是由國際電話電報諮詢委員會(CCITT)訂出標準。北美洲 FDM 電話層次基本的安排如圖 4.36(a)所示。一個基本的群(group)含有 12 個 FDM 的 SSB 聲音頻道，每一個聲音頻寬是 4 kHz 如圖 4.36(b)，如果基本的群所含的是 LSB 聲音信號，將佔有頻帶從 60 到 108 kHz；如果基本的群所含的是 USB 聲音信號，將佔有頻帶從 148 至 196 kHz，被顯示於圖 4.36(c)。

　　一個超群(supergroup)由 5 個基本的群多工形成，因此含有 60 個頻道，它所佔有的頻帶從 312 至 552 kHz，另外一組超群是由 USB 信號形成，所佔有的頻帶從 60 至 300 kHz，如圖 4.36(d)所示。

　　一個主群(master group)由 10 個超群多工形成，因此含有 600 個頻道，這裏有兩種標準的主群組態，那就是 L600 及 U600 如圖 4.36(e)所示。

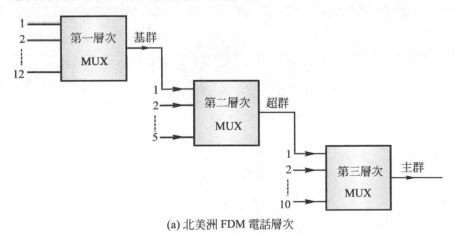

(a) 北美洲 FDM 電話層次

圖 4.36

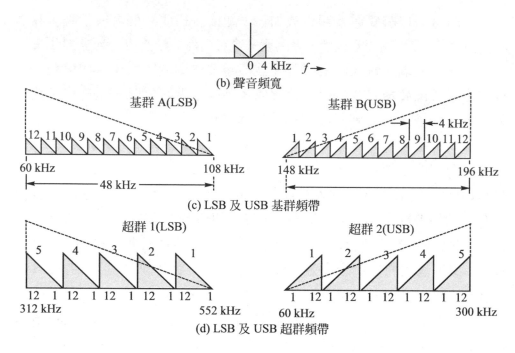

(b) 聲音頻寬

(c) LSB 及 USB 基群頻帶

(d) LSB 及 USB 超群頻帶

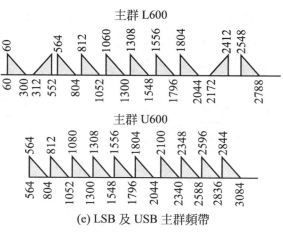

(e) LSB 及 USB 主群頻帶

圖 4.36 (續)

習 題

1. 求出下列信號之DSB-SC及劃出其頻譜。

    (1) $m_1(t) = \cos 100t$。

    (2) $m_2(t) = \cos 100t + \cos 300t$。

    (3) $m_3(t) = \cos 200t \cos 300t$。

2. 圖4.37顯示一個DSB-SC調變器，其中乘法器會使載波失真，已知為$a_1 \cos \omega_c t + a_2 \cos^2 \omega_c t$。

圖4.37 DSB-SC調變器

    (1) 求出$e_o(t)$及劃出其頻譜。

    (2) 如何能從$e_o(t)$中得到所要的 DSB-SC 信號。

    (3) 若$m(t)$的頻寬是B Hz，決定最小的ω_o值，以致用在(2)中可取得無失真的 DSB-SC 信號。

3. 證明AM信號$[A + m(t)] \cos \omega_c t$能以同步方式解調，而與$A$值無關。

4. 一個接收機收到的信號是$(1 + 2\cos \omega_m t) \cos \omega_c t$(其中$\omega_m = 5000$，$\omega_c = 10^5$)。

    (1) 若是 AM 信號，調變指數μ應是多少？

    (2) 若這信號經由檢波，劃出其輸出。

5. 一調變信號$m(t)$已知為

    (1) $\cos 2000t$。

(2) $\cos 2000t + 2\cos 3000t$。

(3) $2\cos 2000t \cos 3000t$。

若$m(t)$是以 SSB 調變一個載波$A\cos 10,000t$，求出

(1) USB 信號$\phi_{USB}(t)$及劃出其頻譜。

(2) LSB 信號$\phi_{LSB}(t)$及劃出其頻譜。

6. 一信號$m(t)$的頻寬限定在B Hz，證明$m(t)\cos(\omega_c t + \theta)$的希伯特轉換是$m(t)\sin(\omega_c t + \theta)$。[假設$\omega_c \geq 2\pi B$]。

7. 一個集極已調變發射機的電源供應電壓是 48 V，平均集極電流是 600 mA，計算發射機的輸入功率是多少？另外計算調變信號功率是多少，才能產生 100 ％調變。

8. 一個 SSB 產生器有 5 MHz 載波，用來傳送 300 到 3300 Hz 範圍內之語音信號，試求能通過下旁波帶的濾波器之中心頻率。

9. 當 AM 發射機的載波功率是 2500 W 及調變指數是 0.77，試求 AM 發射機之總功率為多少？

10. 一個 AM 信號的載波功率是 12 W 及每一旁波帶是 1.5 W，試求其調變指數？

11. 一個 AM 信號的載波是 2.1 MHz，經由 1.5 kHz 方波調變信號調變，但其有效值到第 5 諧波，試求 AM 信號之頻寬？並計算上、下旁波帶頻率為多少？

12. 一個 AM 發射機有 6 A 載波輸入到天線，其電阻阻抗是 52 Ω，發射機的調變指數是 0.6，是計算總輸出功率為多少？

Communication Electronics

Chapter

頻率調變

　　在前章中，我們敘述 AM 信號是由於載波的振幅被基頻帶信號 $m(t)$ 調變所產生，於是載波振幅的變化就是 $m(t)$ 信號的消息內容。但是對一個正弦波信號我們可用振幅、頻率及相位等三個參數來加以描述，因此同樣地可使用 $m(t)$ 信號調變載波的頻率及相位，使之擁有 $m(t)$ 的消息內容。

　　一個連續波(CW)(continous wave)的正弦波信號能藉著改變振幅及相角(phase angle)而變化，能寫成

$$\phi(t) = a(t)\cos(\theta(t))\dots\dots\dots\dots\dots\dots\dots\dots\dots\dots\dots(5.1)$$

在前章中我們令 $\theta(t)$ 為常數，振幅 $a(t)$ 為變數，隨 $m(t)$ 而變化，本章中將令 $a(t) = A$ 為常數，而相角 $\theta(t)$ 為變數，隨 $m(t)$ 信號而變化。

5.1 調頻(FM)與調相(PM)

　　一個正弦波的角可藉著頻率及相位來描述，一個振幅固定的正弦波相量(phasor)被顯示於圖 5.1，這相量有一個大小A及一個相角$\theta(t)$，假使$\theta(t)$隨著時間線性地增加，也就是$\theta(t)=\omega_i t$，我們說此向量有一角速或角頻率(每秒有ω_i弧度)。假使角速不是一個常數，我們仍能寫出瞬時角速(instantaneous angular rate)與相角之間的關係

$$\theta(t)=\int_{-\infty}^{t}\omega_i(\alpha)d\alpha \dots\dots\dots\dots(5.2)$$

在(5.2)式兩邊取微分，可得瞬時頻率ω_i

$$\omega_i(t)=\frac{d\theta}{dt} \dots\dots\dots\dots(5.3)$$

因此我們得知一個正弦波的瞬時頻率是其相角對時間的微分。當載波的角θ隨著調變信號$m(t)$而變化的此種調變被稱爲**角調變**。

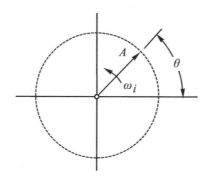

圖 5.1　相量表示

例 5.1　決定信號 $\phi(t)=A\cos(10\pi t+\pi t^2)$ 的瞬時頻率。

解　$\theta(t)=10\pi t+\pi t^2$

$$\omega_i(t)=\frac{d\theta}{dt}=10\pi+2\pi t=2\pi(5+t)$$

當一個相角 $\theta(t)$ 是隨著調變信號 $m(t)$ 線性地變化，我們可寫成

$$\theta(t)=\omega_c t+\theta_o+K_p m(t) \dotfill (5.4a)$$

此處 ω_c、θ_o、K_p 均為常數，因為相位與 $m(t)$ 有線性的關係，這種角調變就被稱為**相位調變**(PM)(phase modulation)，假定 $\theta_o=0$ 並不失其一般性

$$\theta(t)=\omega_c t+K_p m(t) \dotfill (5.4b)$$

結果 PM 信號可寫成

$$\phi_{\text{PM}}(t)=A\cos[\omega_c t+K_p m(t)] \dotfill (5.4c)$$

瞬時頻率 ω_i 為

$$\omega_i(t)=\frac{d\theta}{dt}=\omega_c+K_p\frac{dm(t)}{dt} \dotfill (5.4d)$$

因此在 PM 中，瞬時頻率 ω_i 是隨著調變信號 $m(t)$ 的微分而線性地變化。假如瞬時頻率 ω_i 是隨著調變信號 $m(t)$ 線性地變化，我們就稱此為**頻率調變**(FM)，因此在 FM 中，瞬時頻率 ω_i 為

$$\omega_i(t)=\omega_c+K_f m(t) \dotfill (5.5a)$$

此處 K_f 是一個常數，現在角 $\theta(t)$ 為

$$\theta(t) = \int_{-\infty}^{t} [\omega_c + K_f m(\alpha)] d\alpha$$

$$= \omega_c t + K_f \int_{-\infty}^{t} m(\alpha) d\alpha \text{.................................(5.5b)}$$

結果 FM 信號可寫成

$$\phi_{FM}(t) = A\cos[\omega_c t + K_f \int_{-\infty}^{t} m(\alpha) d\alpha] \text{.....................(5.5c)}$$

我們從(5.4c)式及(5.5c)式可明顯的看出 PM 及 FM，不但十分相似而且是不可分開的，從一個角調變的載波上是無法分辨它是 PM 或 FM，因為一個對應$m(t)$信號的 PM 信號就相當於一個對應$dm(t)/dt$的 FM 信號，及一個對應$m(t)$的 FM 信號就相當於一個對應$dm(t)/dt$的 FM 信號，及一個對應$m(t)$的 FM 信號就相當於對應於$\int_{-\infty}^{t} m(\alpha) d\alpha$的 PM 信號，分別顯示於圖 5.2。

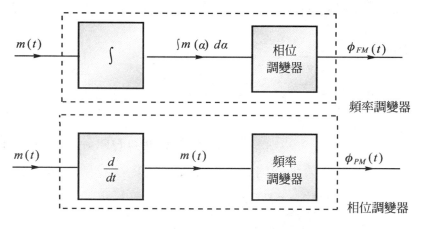

圖 5.2　PM 及 FM 是不可分的

若載波是一個三角連續波，調變信號是一個正弦波，其產生的 FM 及 PM 信號如圖 5.3 所示。

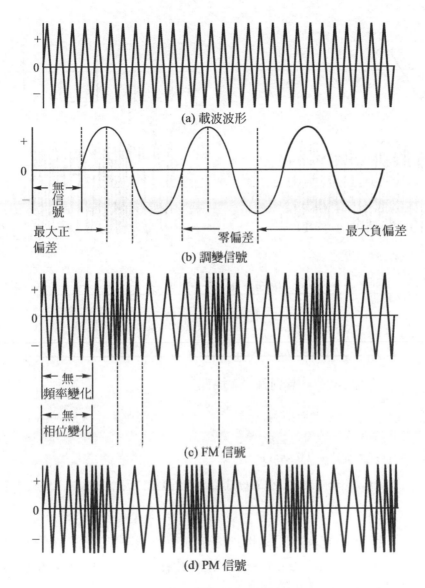

(a) 載波波形

無信號　最大正偏差　零偏差　最大負偏差

(b) 調變信號

無頻率變化　無相位變化

(c) FM 信號

(d) PM 信號

圖 5.3　FM 及 PM 信號

例 5.2　劃出圖 5.4(a)中調變信號$m(t)$的FM及PM波形，常數K_f是K_p分別是$2\pi(10^5)$及10π，載波頻率 f_c 是 100 MHz。

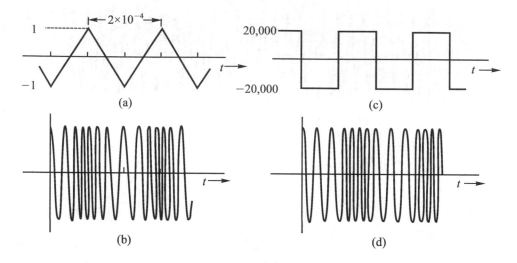

圖 5.4　FM 及 PM 波形

解 對 FM

$$\omega_i = \omega_c + K_f m(t)$$

除以 2π 後，得到瞬時頻率 f_i

$$f_i = f_c + \frac{K_f}{2\pi} m(t)$$

$$= 10^8 + 10^5 m(t)$$

$$(f_i)_{\min} = 10^8 - 10^5 [m(t)]_{\min} = 99.9 \text{ MHz}$$

$$(f_i)_{\max} = 10^8 + 10^5 [m(t)]_{\max} = 100.1 \text{ MHz}$$

因為 $m(t)$ 隨時間線性地增加及減少，瞬時頻率在調變信號的一個半週內從 99.9 到 100.1 MHz 線性地增加，在另一個半週時從 100.1 到 99.9 MHz 線性地減少，如圖 5.4(b) 所示。

對 PM

從 (5.4d) 式可得瞬時頻率 f_i

$$f_i = f_c + \frac{K_p}{2\pi}\frac{dm(t)}{dt} = 10^8 + 5\frac{dm(t)}{dt}$$

$$(f_i)_{\min} = 10^8 - 5\left[\frac{dm(t)}{dt}\right]_{\min} = 10^8 - 10^5 = 99.9 \text{ MHz}$$

$$(f_i)_{\max} = 10^8 + 5\left[\frac{dm(t)}{dt}\right]_{\max} = 10^8 + 10^5 = 100.1 \text{ MHz}$$

因為 $\dot{m}(t)$ 的值是從 $-20,000$ 到 $20,000$ 來回的交換，載波頻率在 $\dot{m}(t)$ 的每一半週從 99.9 到 100.1 MHz 來回的交換，如圖 5.4(d) 所示。

角調變信號的功率

雖然角調變信號的瞬時頻率及相位是隨著時間而變化，但其振幅 A 仍是常數，因此角調變信號(不論是 FM 或 PM)的功率是 $\frac{A^2}{2}$，且與 K_p 及 K_f 的值無關。

5.2　頻率調變的頻寬

我們先考慮FM信號的頻寬，然後再討論PM信號的頻寬。從(5.5c)式得 FM 信號 $\phi_{\text{FM}}(t)$

$$\phi_{\text{FM}}(t) = A\cos\left[\omega_c t + K_f \int_{-\infty}^{t} m(\alpha)d\alpha\right]$$

我們令

$$C(t) = \int_{-\infty}^{t} m(\alpha)d\alpha \quad\text{.......................................(5.6a)}$$

及

$$\hat{\phi}_{\text{FM}}(t) = A\exp\left[j(\omega_c t + K_f C(t))\right] \quad\text{.............................(5.6b)}$$

然後 $\phi_{\text{FM}}(t)$ 可以指數形式 $\hat{\phi}_{\text{FM}}(t)$ 的實數項表示

$$\phi_{\text{FM}}(t) = R_e\hat{\phi}_{\text{FM}}(t) \quad\text{...(5.6c)}$$

CH **5**

現在將$\hat{\phi}_{FM}(t)$擴展開來

$$\hat{\phi}_{FM}(t) =$$

$$A\left[1 + jK_f C(t) + j^2\frac{K_f^2}{2!}C^2(t) + \cdots + j^n\frac{K_f^n}{n!}C^n(t) + \cdots\right]e^{j\omega_c t} ..(5.7a)$$

於是
$$\phi_{FM}(t) = R_e[\hat{\phi}_{FM}(t)]$$

$$= A\left[\cos\omega_c t - K_f C(t)\sin\omega_c t - \frac{K_f^2}{2!}C^2(t)\cos\omega_c t\right.$$

$$\left. + \frac{K_f^3}{3!}C^3(t)\sin\omega_c t + \cdots\right]..(5.7b)$$

從上式知道 FM 信號包括有一個未調變的載波及不同的振幅調變項諸如 $C(t)\sin\omega_c t$、$C^2(t)\cos\omega_c t$、$C^3(t)\sin\omega_c t$、$\cdots$ 等，信號 $C(t)$ 是調變信號 $m(t)$ 的積分。假如 $M(\omega)$ 的頻寬是 B，則 $C(\omega)$ 的頻寬亦是 B，這是因為積分是一個線性運算。因此 $C^2(t)$ 的頻譜是 $C(\omega) \cdot C(\omega)/2\pi$，其頻寬是 $2B$，同樣地，對於 $C^n(t)$ 的頻譜而言，其頻寬被限制在 nB。因此 FM 信號的頻譜包含有一個未調變載波加上集中在 ω_c 處的 $C(t)$、$C^2(t)$、$\cdots$、$C^n(t)\cdots$ 等頻譜，很明顯地可看出 FM 信號的頻寬是無限的，也就是說 FM 信號有無限大的頻寬。

雖然理論上 FM 信號的頻寬是無限大的，但我們可發現大多數已調變信號的功率都存在於一定的頻寬內，因此對於 FM 信號可分成窄頻 (narrowband)FM 及寬頻(wideband)FM。

5.2-1 窄頻 FM

從第 4 章知 AM 是線性的調變，載波的振幅是隨著調變信號 $m(t)$ 而變化。但角調變是非線性的，重疊原理就不能被使用，我們可從下列事實得知

$$A\cos[\omega_c t + K_f C_1(t)] + A\cos[\omega_c t + K_f C_2(t)]$$
$$\neq A\cos[\omega_c t + K_f(C_1(t) + C_2(t))]$$

現在以一個簡單的例子說明，考慮調變信號$m(t)$

$$m(t) = K_1\cos\omega_1 t + K_2\cos\omega_2 t$$

對AM而言，只是簡單地將調變信號的頻率ω_1及ω_2位移到$\omega_c \pm \omega_1$及$\omega_c \pm \omega_2$而已。對FM而言，從(5.7b)式可知FM不但有頻率$\omega_c \pm \omega_1$及$\omega_c \pm \omega_2$而且還有頻率$\omega_c \pm (n\omega_1 \pm m\omega_2)$，此處$n$及$m$是所有可能的整數，很清楚地看出FM產生互調頻率(intermodulation)$\omega_c \pm (n\omega_1 \pm m\omega_2)$，因此重疊原理就不能被使用。

但是假如K_f是非常小的值(也就是假定$|K_f C(t)| \ll 1$)，則(5.7b)式中除了前二項外，其餘項都可忽略，於是我們可得

$$\phi_{FM}(t) \simeq A[\cos\omega_c t - K_f C(t)\sin\omega_c t]................................(5.8)$$

這是一個線性調變，與AM信號的表示非常相似。因為$C(t)$的頻寬是B，在(5.8)式中的$\phi_{FM}(t)$的頻寬是只有$2B$，為了這個理由，FM信號在$|K_f C(t)| \ll 1$的條件下被稱為窄頻FM(NBFM)，對於窄頻PM(NBPM)的表示亦十分類似，可表為

$$\phi_{PM}(t) \simeq A[\cos\omega_c t - K_p m(t)\sin\omega_c t]...........................(5.9)$$

我們可從(5.8)式及4.11a式中比較NBFM及AM兩種調變的相似與差異性，其相似性是兩者都有一個載波項及集中在$\pm\omega_c$的旁波帶，另外其頻寬是相同的，都是$2B$。其差異性是FM的旁波帶頻譜相對於載波有$\frac{\pi}{2}$的相移，而AM的旁波帶頻譜相對於載波是同相位的。雖然看起來NBFM與AM有相似性，但其產生的波形卻是非常不同的。

CH **5**

　　(5.8)式及(5.9)式暗示我們，可利用 DSB-SC 調變器的方法來產生 NBFM 及 NBPM 信號，圖5.5為此系統的方塊圖。

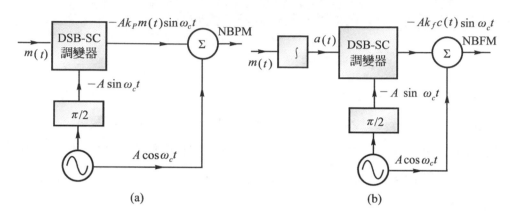

圖5.5　NBPM 及 NBFM 產生器

5.2-2　寬頻 FM

　　假如頻率調變常數 K_f 不能滿足 $|K_f C(t)| \ll 1$ 的條件時，分析FM信號就要考慮一般的調變信號 $m(t)$。我們從前面的討論知道理論上 FM 的頻寬是無限大的，但大多數FM信號的功率存在於一定的頻寬內，為了估計這頻寬，我們觀察已調變信號的瞬時頻率

$$\omega_i = \omega_c + K_f m(t)$$

假如我們設定 $|m(t)_{\min}| = m(t)_{\max} = m_p$，此時瞬時頻率變化的範圍從 $\omega_c - K_f m_p$ 到 $\omega_c + K_f m_p$，我們可判斷已調變信號的頻譜大多是在這範圍內，假如是在這情況下，就可估計 FM 信號的頻寬 B_{FM}

$$2\pi B_{\mathrm{FM}} \simeq 2 K_f m_p$$

這裏$K_f m_p$是載波頻率ω_c的最大偏差(maximum deviation)。讓我們定義：

$$\Delta \omega = K_f m_p \quad\text{...}(5.10)$$

或

$$\Delta f = \frac{K_f}{2\pi} m_p \quad\text{.......................................}(5.11)$$

因此 　　　$B_{\text{FM}} \simeq 2\Delta f$

此處Δf是載波頻率f_c的最大偏差。在文獻裏,有多種規則是用來決定FM 的頻寬,其中最常被使用的是卡爾森規則(Carson's rule),它估計FM 頻寬為：

$$B_{\text{FM}} = 2(\Delta f + B) \quad\text{................................}(5.12)$$

對寬頻帶 FM(WBFM)而言,$\Delta f \gg B$,其頻寬為

$$B_{\text{FM}} \simeq 2\Delta f$$

對 NBFM 而言,$\Delta f \ll B$,其頻寬為

$$B_{\text{FM}} \simeq 2B$$

為了方便,我們定義一個**偏差比**(deviation ratio)β為

$$\beta = \frac{\Delta f}{B} \quad\text{.....................................}(5.13)$$

則(5.12)式可寫成

$$B_{\text{FM}} = 2B(1 + \beta) \quad\text{..............................}(5.14)$$

我們可藉著β來定義FM,當$\beta \ll 1$時為NBFM,當$\beta \gg 1$為WBFM,這與我們以前所討論的$|K_f C(t)| \gg 1$或$\ll 1$是相同的。

　　從前面的討論知偏差比控制著調變的量，它所扮演的角色類似 AM 中的調變指數，因此對於特別的已音調調變 FM(tone-modulated FM)而言，偏差比被稱為調變指數。

　　現在我們將探討已音調調變 FM 的頻寬，首先音調調變信號 $m(t)$ 是

$$m(t) = \alpha\cos\omega_m t$$

從(5.6a)式中知

$$C(t) = \int_{-\infty}^{t} m(t)dt = \frac{\alpha}{\omega_m}\sin\omega_m t \ldots\ldots\ldots(5.15)$$

此處我們假定常數 $C(-\infty) = 0$，於是從(5.6b)式得

$$\hat{\phi}_{FM}(t) = A\exp\left[j\left(\omega_c t + \frac{K_f\alpha}{\omega_m}\sin\omega_m t\right)\right]$$

因為　　　$\Delta\omega = K_f m_p = \alpha K_f$

偏差比(或稱調變指數)是

$$\beta = \frac{\Delta f}{f_m} = \frac{\Delta\omega}{\omega_m} = \frac{\alpha K_f}{\omega_m} \ldots\ldots\ldots\ldots(5.16)$$

因此　　　$\hat{\phi}_{FM}(t) = A e^{j(\omega_c t + \beta\sin\omega_m t)}$

$$= A e^{j\omega_c t}\left[e^{j\beta\sin\omega_m t}\right] \ldots\ldots\ldots\ldots(5.17)$$

上式中括號內的指數項是一個週期為 $\frac{2\pi}{\omega_m}$ 的週期信號，能以指數**傅立葉級數**展開，通常

$$e^{j\beta\sin\omega_m t} = \sum_{n=-\infty}^{\infty} C_n e^{j\omega_m t} \ldots\ldots\ldots\ldots(5.18)$$

其中係數 C_n 為

$$C_n = \frac{\omega_m}{2\pi} \int_{-\pi/\omega_m}^{\pi/\omega_m} e^{j\beta\sin\omega_m t} e^{-jn\omega_m t} dt$$

令 $\omega_m t = x$，我們可得

$$C_n = \frac{1}{2\pi} \int_{-\pi}^{\pi} e^{j(\beta\sin x - nx)} dx \ldots\ldots\ldots\ldots\ldots\ldots\ldots\ldots(5.19)$$

上述的積分形式屬第一種 n 次的**貝塞爾函數**(Bessel function)以 $J_n(\beta)$ 表示，如圖 5.6 所示不同 β 值時的貝塞爾函數。於是(5.19)式可寫成

$$e^{j\beta\sin\omega_m t} = \sum_{n=-\infty}^{\infty} J_n(\beta) e^{jn\omega_m t} \ldots\ldots\ldots\ldots\ldots\ldots\ldots\ldots(5.20)$$

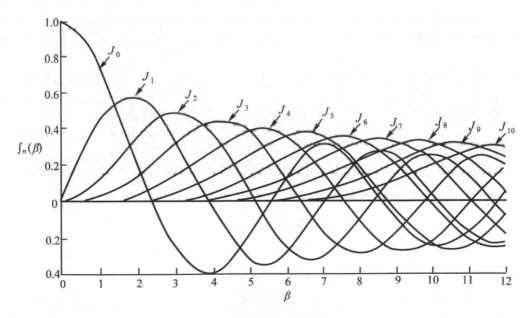

圖 5.6　第一種貝塞爾函數 $J_n(\beta)$

將(5.20)式代入(5.17)式，我們可得到

$$\hat{\phi}_{FM}(t) = A \sum_{n=-\infty}^{\infty} J_n(\beta) e^{j(\omega_c t + n\omega_m t)}$$

及從(5.7b)式可得

$$\phi_{FM}(t) = A \sum_{n=-\infty}^{\infty} J_n(\beta) \cos(\omega_c + n\omega_m)t \quad\dots\dots\dots\dots\dots\dots\dots\dots(5.21)$$

對於貝塞爾函數的一些性質我們將要用到，敘述如下：

(1)　$J_n(\beta)$是實數。

(2)　當n是偶數，$J_n(\beta) = J_{-n}(\beta)$

(3)　當n是奇數，$J_n(\beta) = -J_{-n}(\beta)$ (5.22)

(4)　$\sum_{n=-\infty}^{\infty} J_n^2(\beta) = 1$

於是(5.21)式可寫成

$$\begin{aligned} \phi_{FM}(t) = A\{ &J_0(\beta)\cos\omega_c t + J_1(\beta)[\cos(\omega_c + \omega_m)t - \cos(\omega_c - \omega_m)t] \\ &+ J_2(\beta)[\cos(\omega_c + 2\omega_m)t + \cos(\omega_c - 2\omega_m)t] \\ &+ J_3(\beta)[\cos(\omega_c + 3\omega_m)t - \cos(\omega_c - 3\omega_m)t] + \cdots \} \end{aligned} .(5.23)$$

從以上的結果，很明顯地看出對於音調信號，FM波形與AM大不相同，FM 有無限多的旁波帶，但是較高頻率旁波帶的頻譜大小已變的很小，在實際的應用上可將其忽略，使FM的功率存在於有限的頻寬內，有數個不同β值的旁波帶大小被劃於圖 5.7 中，其中β值隨著$\Delta\omega$或ω_m的改變而變化。

　　一個旁波帶被認為有意義，通常的規則是其$J_n(\beta)$的大小等於或超過未調變載波的 1％，也就是

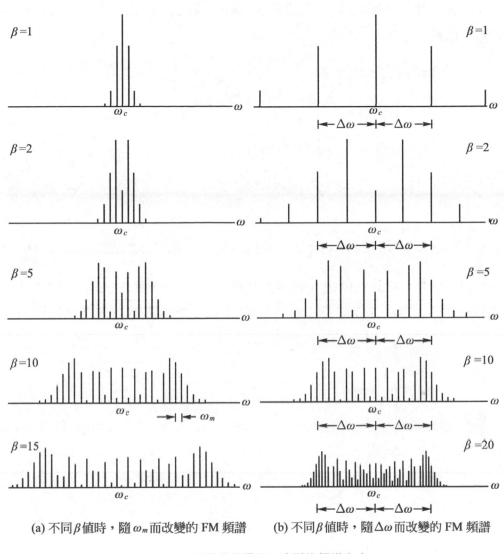

(a) 不同 β 值時，隨 ω_m 而改變的 FM 頻譜   (b) 不同 β 值時，隨 $\Delta\omega$ 而改變的 FM 頻譜

圖 5.7　已音調調變 FM 波形的頻譜大小

$$|J_n(\beta)| \geq 0.01 \quad\dotfill\quad (5.24)$$

從圖 5.7 中可看出當 $n > \beta$ 時，$J_n(\beta)$ 很快地減小，特別是在 β 變的很大時。在 $|J_n(\beta)| \geq 0.01$ 條件下，比值 n/β 對 β 的圖被劃於圖 5.8，從圖中可看出

當β變的十分大時，n/β比值趨近於1，因此最後有意義的旁波帶是在$n = \beta$時，以致

$$2\pi B_{\text{FM}} \simeq 2n\omega_m = 2\beta\omega_m$$

$$= 2\frac{\Delta\omega}{\omega_m}\omega_m \dots\dots\dots\dots\dots\dots\dots\dots\dots\dots\dots\dots\dots\dots\dots\dots\dots\dots(5.25)$$

或　　　　$B_{\text{FM}} \simeq 2\Delta f$　　當β很大

當β很小時，**貝塞爾函數**中有意義的大小是只有$J_o(\beta)$及$J_1(\beta)$，也就是窄頻帶的頻寬

$$B_{\text{FM}} \simeq 2f_m \quad 當\beta很小 \dots\dots\dots\dots\dots\dots\dots\dots\dots\dots\dots\dots\dots\dots(5.26)$$

從(5.25)式及(5.26)式可知，與前面我們所提到的**卡爾森規則**(5.12)式是相符合的。當β值很大或很小時，很容易從卡爾森規則算出 FM 信號的頻寬，但在$\beta = 1$的附近會產生最大的頻寬誤差。

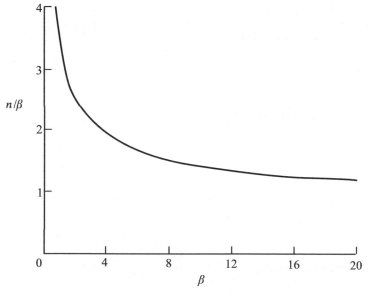

圖 5.8　在 $|J_n(\beta)| \geq 0.01$ 條件下，FM 旁波帶的數目

例 5.3 一個 10 MHz 的載波被一個正弦波信號以頻率調變，以致其最大頻率偏差是 50 kHz，假如調變信號的頻率分別是(a)500 kHz；(b)500 Hz；(c)10 kHz，試決定 FM 信號的頻寬。

解 (a)$\beta = \Delta f/f_m = 50/500 = 0.1$

這是一個 NBFM 信號；$B_{\text{FM}} \simeq 2f_m = 1$ MHz

(b)$\beta = 100$，這是一個寬頻的例子

$B_{\text{FM}} \simeq 2\Delta f = 100$ kHz

(c)$\beta = 5$

利用卡爾森規則$B_{\text{FM}} \simeq 2(\Delta f + f_m) = 120$ kHz，一種更準確的方法是由圖5.6或圖5.8中找出有意義的旁波帶數目n：

$B_{\text{FM}} = 2nf_m = 2(8)(10 \text{ kHz}) = 160$ kHz

$\beta = 5$ 的頻譜大小線如圖5.8所示，我們可看出兩線間的距離是 10 kHz。

相位調變

所有從 FM 導出的結果，能直接用到 PM 上，因此 PM

$$\Delta \omega = K_p m_p' \quad \text{......................................(5.27a)}$$

此處設定

$$m_p' = [\dot{m}(t)]_{\max} \quad \text{......................................(5.27b)}$$

於是 $\quad B_{\text{PM}} = 2[\Delta f + B]$

$$= 2\left[\frac{K_p m_p'}{2\pi} + B\right] \quad \text{......................................(5.28)}$$

FM 及 PM 相對於 Δf 有一重要的差異，那就是在 FM 中，$\Delta\omega = K_p m_p$ 只與 $m(t)$ 的最大值有關，與 $m(t)$ 的頻譜無關。相反地，在 PM 中，不但 $\Delta\omega = K_p m_p'$ 與 $\dot{m}(t)$ 的最大值有關，且 $\dot{m}(t)$ 與 $m(t)$ 的頻譜也大有關連，因為在 $m(t)$ 中有較高頻率成份出現會引起較快的變化，造成較高的 m_p' 值，同樣地，主要的低頻率成份將造成較低的 m_p' 值。

當調變信號是音調信號時 $m(t) = \alpha\cos\omega_m t$ 及 $\dot{m}(t) = -\alpha\omega_m\sin\omega_m t$ 於是

$$(\Delta\omega)_{\mathrm{FM}} = K_f m_p = \alpha K_f$$

$$(\Delta\omega)_{\mathrm{PM}} = K_p m_p' = \alpha\omega_m K_p$$

對寬頻而言，FM 的頻寬 $B_{\mathrm{FM}} \simeq 2\Delta f$ 與 $m(t)$ 的頻譜無關，而 PM 的頻寬與 $m(t)$ 的頻譜大有關連。

例 5.4 當調變信號 $m(t)$ 如圖 5.4(a) 所示，且 $K_f = \pi \times 10^4$ 及 $K_p = \dfrac{\pi}{4}$，估計 B_{FM} 及 B_{PM}。

解 首先我們必須決定 $m(t)$ 信號的頻寬 B，利用**傅利葉級數**可將 $m(t)$ 展開為

$$m(t) = \sum_{n=0}^{\infty} C_n \cos n\omega_o t$$

其中基本頻率 ω_o 及係數 C_n 分別為

$$\omega_o = \frac{2\pi}{2\times 10^{-4}} = 10^4\pi$$

$$C_n = \begin{cases} \dfrac{8}{\pi^2 n^2} & n = 1，3，5，\cdots \\ 0 & n \text{ 是偶數} \end{cases}$$

從上式可看出諧波的振幅隨 n 快速地減小，第 3 諧波只有基本波的 11 ％ 及第 5 諧波也只有基本波的 4 ％，這就是說第 3

諧波及第 5 諧波的功率分別是基本波功率的 1.21 ％及 0.16 ％，假設諧波的功率小於基本波功率的 1 ％時，是可忽略的，則 $m(t)$ 信號的頻寬將是第 3 諧波，那就是

$$B \simeq 3\left(\frac{10^4}{2}\right) = 1.5 \times 10^4$$

對 FM 而言，$m_p = 1$，$K_f = \pi \times 10^4$，於是

$$\Delta f = \frac{1}{2\pi} K_f m_p = 0.5 \times 10^4$$

及偏差比是

$$\beta = \frac{\Delta f}{B} = \frac{0.5 \times 10^4}{1.5 \times 10^4} = 0.33$$

因此 FM 的頻寬 B_{FM} 為

$$B_{\mathrm{FM}} = 2(\Delta f + B) = 2(0.5 + 1.5)10^4 = 4 \times 10^4$$

對 PM 而言，$K_p = \pi/4$，$\dot{m}_p' = 20,000$

$$\Delta f = \frac{1}{2} K_p m_p' = \frac{1}{2\pi} \times \frac{\pi}{4} \times 20,000 = 2500$$

及偏差比是

$$\beta = \frac{\Delta f}{B} = \frac{2500}{1.5 \times 10^4} = 0.17$$

因此 PM 的頻寬 B_{FM} 為

$$B_{\mathrm{FM}} = 2(\Delta f + B) = 3.5 \times 10^4$$

5.3 FM 信號的產生

基本上，有兩種方法可產生FM信號，那就是間接(indirect)產生及直接(direct)產生。

5.3-1 間接 FM 產生器

間接產生的方法是先產生 NBFM，如圖 5.5(b)所示，調變信號 $m(t)$ 先被積分，然後用它來相位調變一個載波，也就是(5.8)式，重寫如下：

$$\phi_{\mathrm{FM}}(t) \simeq A[\cos\omega_c t - K_f C(t)\sin\omega_c t]$$

然後利用頻率倍增器將 NBFM 轉換成為 WBFM，這種方法被稱為**阿姆斯壯**(Armstrong)間接 FM 產生器，如圖 5.9 所示。

圖 5.9 阿姆斯壯間接 FM 產生器方塊圖

一個頻率倍增器(frequency multiplier)可被看成為一個非線性裝置，例如一個簡單的平方律裝置，可使頻率增加 1 倍，則輸入信號 $e_i(t)$ 與輸出信號 $e_o(t)$ 有下列之關係

$$e_o(t) = [e_i(t)]^2$$

假如
$$e_i(t) = \phi_{\mathrm{FM}}(t) = \cos\left(\omega_c t + K_f \int_{-\infty}^{t} m(\alpha)d\alpha\right)$$

然後
$$e_o(t) = \cos^2\left(\omega_c t + K_f \int_{-\infty}^{t} m(\alpha)d\alpha\right)$$
$$= \frac{1}{2} + \frac{1}{2}\cos\left(2\omega_c t + 2K_f \int_{-\infty}^{t} m(\alpha)d\alpha\right)$$

將上式中的 dc 項濾掉，載波的頻率增加 1 倍，但同時頻率偏差亦增加 1 倍。因此任何非線性裝置諸如二極體或電晶體都能被用來完成此作用，這些裝置的特性是

$$e_o(t) = a_0 + a_1 e_i(t) + a_2 e_i^2(t) + \cdots + a_n e_i^n(t)$$

於是，其輸出將會有頻譜在 ω_c，$2\omega_c$，$\cdots$，$n\omega_c$ 及相對應的頻率偏差 Δf，$2\Delta\phi$，$\cdots$，$n\Delta f$，然後我們利用適當的濾波器以選擇所想要的倍增頻率。

　　這裡值得一提的是圖 5.5(b) 所產的 NBFM，有少許失眞存在，因為 (5.8) 式只是 (5.7b) 式的近似公式，所以在圖 5.9 中 NBFM 調變器的輸出將會有少許的振幅調變，必須在頻率倍增器中將振幅限制，以消除這種失眞。

　　利用阿姆斯壯方法產生的一種商業用 FM 發射機的方塊圖如圖 5.10 所示。

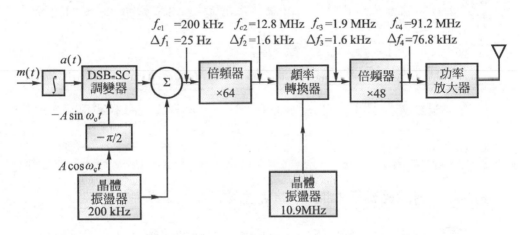

圖 5.10　阿姆斯壯間接 FM 發射機

　　圖 5.10 中的最後一級輸出所需求的載波頻率是 91.2 MHz 頻率偏差 $\Delta f = 75$ kHz。我們從 NBFM 開始，用一個晶體振盪器產生載波頻率 $f_{c1} = 200$ kHz 並選擇 $\Delta f_1 = 25$ Hz 為了維持 $\beta \ll 1$，因為音調調變 $\beta = \dfrac{\Delta f}{f_m}$，在高傳眞的基頻帶頻譜的範圍從 50 Hz 到 15 kHz，在可能的最壞情形下 $\beta = 0.5$，所以選擇 $\Delta f_1 = 25$ Hz 是合理的。

為了達成 $\Delta f = 75$ kHz，我們需要一個 $75,000/25 = 3000$ 的倍數，這可用兩個倍增器級來完成，分別是 64 及 48，整個倍數是 $64 \times 48 = 3072$，於是 $\Delta f_4 = 25 \times 3072 = 76.8$ kHz。倍數是由頻率雙倍器及三倍器串接而產生的，64 的倍數能由 6 個雙倍器串接而獲得，48 的倍數可由 4 個雙倍器及一個三倍器串接而獲得。

載波頻率 200 kHz 被乘以 3072 將產生最後的載波頻率是 600 MHz，與我們所設定的最後一級 91.2 MHz 不符合，但我們可在第一級的倍增器後面，使用一個頻率轉換器消除這個現象，因為頻率轉換器能移動整個頻譜而不改變 Δf (參看第 4 章例題 4.1)。因此我們有 $\phi_{c3} = 12.8 - 10.9 = 1.9$ MHz 及 $\Delta f_3 = 1.6$ kHz，再進一步被乘以 48，產生 $f_{c4} = 91.2$ MHz 及 $\Delta f_4 = 76.8$ kHz。

圖 5.10 的**阿姆斯壯**間接 FM 產生器的優點是頻率穩定，其缺點是(1)多級的相乘易產生雜訊；(2)對較低的調變信號造成 $\dfrac{\Delta f}{f_m}$ 不夠很小，而有失真產生。

例 5.5　討論**阿姆斯壯**間接 FM 產生器所具有的失真性質。

解　阿姆斯壯間接 FM 產生器會產生兩種失真：振幅失真及頻率失真。NBFM 信號可以(5.8)式表示

$$\phi_{\mathrm{FM}}(t) = A[\cos\omega_c t - K_f C(t)\sin\omega_c t] \quad\quad\quad (5.29a)$$

$$= AE(t)\cos[\omega_c t + \theta(t)] \quad\quad\quad\quad\quad (5.29b)$$

這裡　$E(t) = \sqrt{1 + K_f^2 C^2(t)}$ \quad\quad\quad\quad\quad\quad (5.29c)

$$\theta(t) = \tan^{-1} K_f C(t) \quad\quad\quad\quad\quad\quad\quad (5.29d)$$

振幅失真的發生是因為已調變信號的振幅$AE(t)$並不是常數，而這並非嚴重的問題，因為振幅的變化可被通帶限制器(bandpass limiter)所消除，它是在振幅限制器後緊接一個通帶濾波器，將在下一節中詳細的討論。

從(5.30d)式可得到瞬時頻率$\omega_i(t)$

$$\omega_i(t) = \frac{d\theta(t)}{dt} = \frac{K_f C(t)}{1 + K_f^2 C^2(t)} = \frac{K_f m(t)}{1 + K_f^2 C^2(t)}$$

$$= K_f m(t)[1 - K_f^2 C^2(t) + K_f^4 C^4(t) + \cdots] \quad\text{.......(5.30a)}$$

對音調調變，$m(t) = \alpha\cos\omega_m t$，$C(t) = \alpha\sin\dfrac{\omega_m t}{\omega_m}$ 及 偏差比 $\beta = \dfrac{\alpha K_f}{\omega_m}$，於是

$$\omega_i(t) = \beta\omega_m\cos\omega_m t[1 - \beta^2\sin^2\omega_m t + \beta^4\sin^4\omega_m t\cdots] \quad\text{..............(5.30b)}$$

從(5.30b)式明顯地可看出有奇數諧波失真，最嚴重的一項是第3諧波，將最後一項省略掉後變成

$$\omega_i(t) \simeq \beta\omega_m\cos\omega_m t[1 - \beta^2\sin^2\omega_m t]$$

$$= \beta\omega_m\left(1 - \frac{\beta^2}{4}\right)\cos\omega_m t + \frac{\beta^3\omega_m}{4}\cos 3\omega_m t$$

$$\simeq \underbrace{\beta\omega_m\cos\omega_m t}_{\text{所想要的}} + \underbrace{\frac{\beta^3\omega_m}{4}\cos 3\omega_m t}_{\text{失真}} \quad \text{當}\ \beta \ll 1$$

第3諧波失真與所想要信號的比值是$\dfrac{\beta^2}{4}$，在圖5.10中的產生器，可能發生的最壞情形是在較低調變頻率50 Hz，此時$\beta = 0.5$，第3諧波失真是$\dfrac{1}{16}$或6.25 %。

5.3-2 直接 FM 產生器

1. 電壓控制振盪器

　　一個振盪器的頻率能被外加的電壓所控制就被稱為**電壓控制**
振盪器(voltage-controlled oscillator)簡稱 VCO。在 VCO 中，
振盪器的頻率是隨著外加控制電壓線性地變化，我們能利用調變
信號$m(t)$當做控制電壓來產生 FM 信號，這就是

$$\omega_i(t) = \omega_c + K_f m(t)$$

有一種方法是用運算放大器及史密特比較器(Schmit comparator)
構成 VCO，如圖 5.11 所示。

　　圖 5.11(a)是使用最廣泛的 IC VCO(NE566)的架構圖。在第
6 腳的外接電阻R_1用來設定內部電流源的電流值，電流源經由第
7 腳上的外接電容器C_1充電及放電。外加電壓是加在第 5 腳上的
V_C上，用來改變電流源上的電流量。

　　史密特激發電路(Schmitt trigger circuit)是一個位準檢波器
(level detector)，當電容器C_1的充電及放電達到一特定位準，史
密特激發電路即可控制電流源的充電及放電。因此電流源電流流
經電容器C_1，產生一個線性三角波(triangular wave)的電壓，接
著經由一個放大器的緩衝，在第 4 腳輸出。史密特激發電路以相
同頻率的方波在第 3 腳輸出。若希望輸出的是正弦波，第 4 腳的
三角波可經過一個能調諧的共振電路，產生所想要的載波頻率。

　　一個完整的 NE566 FM 調變器，如圖 5.11(b)所示。電流源
是由電壓分配器R_2及R_3控制，調變信號是經由電容器C_2被加到在
第 5 腳的電壓分配器上。另外第 5 腳及第 6 腳間的 0.001μF 電容

器，被用來防止不適當的振盪。電路的中心振盪頻率是由R_1及C_1來設定。這個 VCO 電路產生的載波頻率最高達 1 MHz。

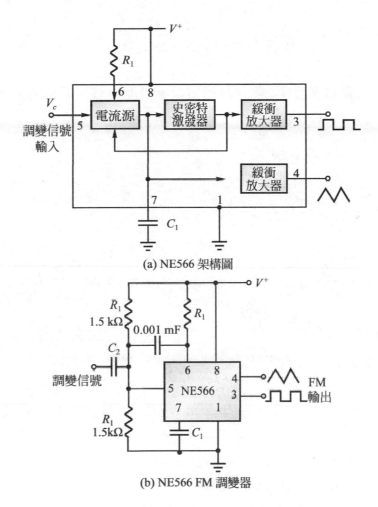

(a) NE566 架構圖

(b) NE566 FM 調變器

圖 5.11　以 VCO 直接產生 FM 信號

若要產生更高的頻率，其 VCO 的輸出能驅動其他電路，例如頻率乘法器(frequency multiplier)。

另外一種方法是改變振盪器中諧振電路的電抗元件(電容或電感)例如**哈特來**振盪器(Harltey oscillator)，如圖 5.12 所示，其振盪頻率為

$$\omega_o = \frac{1}{\sqrt{LC}} \quad L = L_1 + L_2$$

假如電容 C 是隨著調變信號 $m(t)$ 而改變，振盪器的輸出是所想要的 FM 信號，於是

$$C = C_o - Km(t)$$

$$\omega_o = \frac{1}{\sqrt{LC\left[1 - \frac{Km(t)}{C_o}\right]}}$$

$$= \frac{1}{\sqrt{LC_o}\left[1 - \frac{Km(t)}{C_o}\right]^{1/2}}$$

$$\simeq \frac{1}{\sqrt{LC_o}}\left[1 + \frac{Km(t)}{2C_o}\right] \quad \frac{Km(t)}{C_o} \ll 1$$

$$= \omega_c\left[1 + \frac{Km(t)}{2C_o}\right] \quad \omega_c = \frac{1}{\sqrt{LC_o}}$$

$$= \omega_c + K_f m(t) \quad K_f = \frac{K\omega_c}{2C_o}$$

2. 變容器調變器(varactor modulator)

一個逆向偏壓的半導體二極體可當做電容器元件，它的電容隨著逆向偏壓而改變，通常這種二極體被稱為**變容器**(varactor)。圖 5.13(a)是變容器的符號表示圖，圖 5.13(b)是一個典型變容器的電容與逆向偏壓的曲線圖。

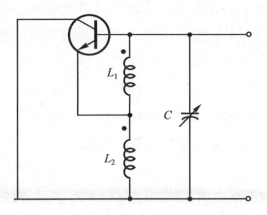

圖 5.12　改變電抗元件的直接 FM 產生器

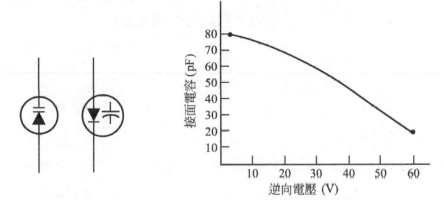

(a) 變容器符號表示圖　　　(b) 典型變容器的電容與逆向偏壓的特性曲線圖

圖 5.13

　　當逆向電壓在 1 V 時，最大的電容值是 80 pF，在逆向偏壓 60 V 時，電容值降到 20 pF，一個 4：1 的範圍。操作範圍通常被限制在線性的中心區域。

　　圖 5.14 顯示一個變容器 FM 調變器，電感器 L_1 與電容器二極體 D_1 的電容形成振盪器的並聯共振電路。在操作頻率時，電容器

C_1要選擇較大的電容量，以致電抗變得很小。結果C_1連接到共振電路上，並且C_1阻擋直流偏壓到電晶體Q_1的基極上，而經由L_1短路到地。L_1及D_1的值決定中心載波頻率。

D_1的電容值以兩種方式控制，一是經由固定的直流偏壓，另一是經由調變信號。圖5.14中，D_1上的偏壓是由電壓分配電位器R_4設定，改變R_4，允許中心載波頻率可以在一個窄的範圍做些微改變。

調變信號經由電容器C_5及射頻抗流圈(Radio Frequency Chock；RFC)被加入振盪電路中。C_5是一個阻擋電容器，保持直流變容器不受調變信號影響。RFC的電抗值在載波頻率時很大，可以防止載波信號回送到音頻調變信號電路中。

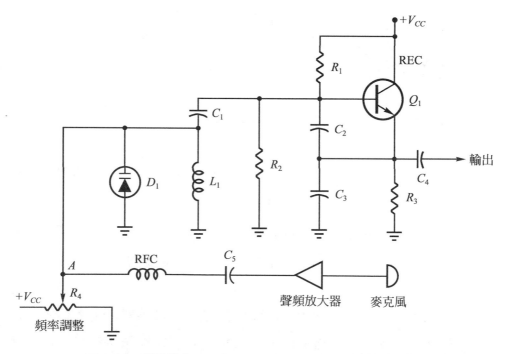

圖5.14 利用變容器二極體直接產生FM調變的載波振盪器

例 5-6　變容器的電容值在線性範圍內的中心點是 40 pF。此變容器
將與一個固定的 20 pF 電容器並聯，在一個振盪器中須什麼
電感值，才可共振產生 5.5 MHz。

解　總電容$C_T = 40 + 20 = 60$ pF

$$f_o = 5.5 \text{ MHz} = \frac{1}{2\pi\sqrt{LC_T}}$$

$$L = \frac{1}{(2\pi f)^2 C_T} = \frac{1}{(6.28 \times 5.5 \times 10^6)^2 \times 60 \times 10^{12}}$$

$$= 14 \text{ μF}$$

3. 晶體振盪 FM 調變器

　　通常直接 FM 產生器能產生足夠的頻率偏差及需求較小的頻
率倍增，但這種方法的頻率穩定性較差，在實際上是用回饋
(feedback)來穩定頻率，輸出頻率與一穩定晶體振盪器的固定頻
率相比較，如果有誤差信號產生時，將經由回饋電路至振盪器予
以修正這誤差。

　　晶體振盪 FM 調變器如圖 5.15 所示，其晶體振盪頻率的變化
是藉由改變與晶體串聯的變容器之電容值，調變信號被加在變容
器二極體D_1上，可用來改變振盪器頻率。

　　值得注意的是，晶體振盪 FM 調變器中的晶體振盪器的頻率
僅能改變些微，很少能夠超出數百 Hz 的改變，例如商業用 FM 廣
播電台須 75 kHz 之偏壓，本電路亦不適用，但在 NBFM 通訊系
統中，窄頻的偏差就可使用本電路。

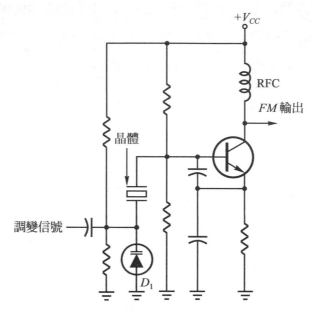

圖 5.15　晶體振盪 FM 調變器

5.4　FM 發射機電路

　　目前最常使用的發射機均是由 IC 與分立元件組合而成的電路。圖 5.16 中的 FM 發射機電路是使用最新的技術設計而成。這是一個低功率的 FM 發射機，工作頻率是 30 MHz，輸出功率大約是 3 W。頻率偏差是 5 kHz，屬於窄頻操作。電路是由 Motorola MC2833 單晶片 FM 發射機 IC、數位整形電路及一對功率 MOSFET 組合而成，功率 MOSFET 以並聯方式連結成為 E 級放大器(class E amplifier)。一個 IC 調整器從電池盒提供一個固定的直流供應電壓。

　　如圖 5.16 中顯示，信號從麥克風開始，經由電容器 C_{39} 到達 IC 第 5 接腳聲頻放大器中，放大器的增益是由接腳 4 及接腳 5 上的電阻 R_{11} 決

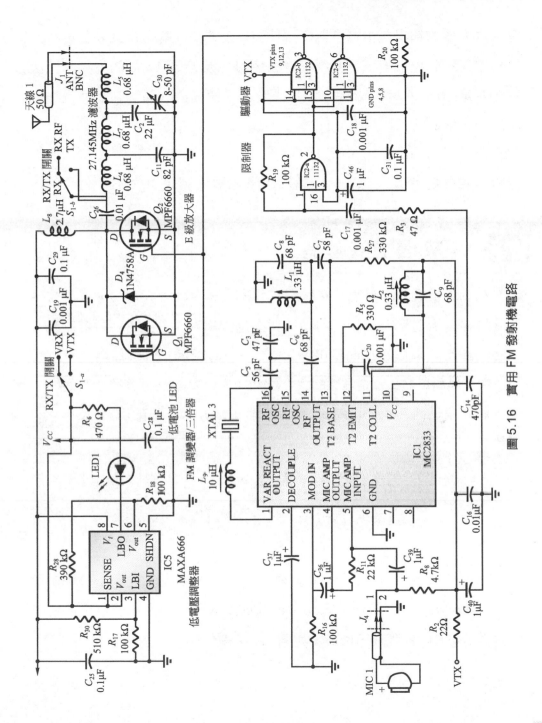

圖 5.16　實用 FM 發射機電路

定。放大器的輸出經由電容器C_{38}到達 IC 上的第 3 腳電抗調變器中，然後再被連接到振盪器上，其頻率是由接腳 1 及接腳 16 間的外接晶體決定。若是一個 10 MHz 晶體，電抗調變器可使晶體的頻率在調變過程中產生頻率偏差。

振盪器的輸出經由緩衝及放大後，出現在 IC 接腳 14 上，緩衝放大器有一共振電路(L_1及C_8)，可調諧到第 3 諧波，就是 30 MHz。

5.5　FM 信號的解調

在 FM 信號裡，信息存在於瞬時頻率上$\omega_i = \omega_c + K_f m(t)$，因此需要一個轉移函數為$|H(\omega)| = a\omega + b$的頻率選擇網路，它在 FM 頻帶能產生一個與瞬時頻率成正比的輸出，如圖 5.17(a)所示。有數種網路有這樣的特性，最簡單的一種是理想的微分器(differentiator)，其轉移函數是$j\omega$。

假如我們將 FM 信號$\phi_{\mathrm{FM}}(t)$輸入至理想微分器，其輸出為

$$\dot{\phi}_{\mathrm{FM}}(t) = \frac{d}{dt}\left\{ A\cos\left[\omega_c t + K_f \int_{-\infty}^{t} m(\alpha)d\alpha\right]\right\}$$

$$= A[\omega_c + K_f m(t)]\sin\left[\omega_c t + K_f \int_{-\infty}^{t} m(\alpha)d\alpha\right]$$

信號$\dot{\phi}_{\mathrm{FM}}(t)$的振幅及頻率均被調變如圖 5.17(b)所示，其波封是$A[\omega_c + K_f m(t)]$，因為$\Delta\omega = K_f m_p < \omega_c$及$\omega_c + K_f m(t) > 0$於是可用波封檢波器從$\dot{\phi}_{\mathrm{FM}}(t)$中取得$m(t)$信號，如圖 5.17(c)所示。

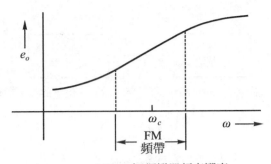

(a) FM 解調變器頻率響應

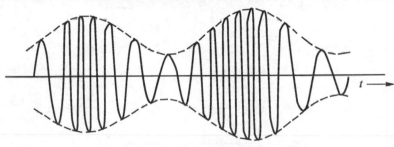

(b) 對於輸入為 FM 信號的微分器輸出

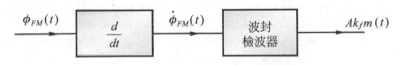

(c) 利用直接微分來解調 FM

圖 5.17

5.5-1　通帶限制器

在例題 5.5 中提到已角調變載波的振幅變化能被通帶限制器所消除，它是在振幅限制器後緊接一個通帶濾波器，如圖 5.18(a)所示。

圖 5.18(b)顯示振幅限制器輸入與輸出的特性，輸入的已角調變信號能表示為

(a) 振幅限制器及通帶濾波器用來消除 FM 信號的振幅變化

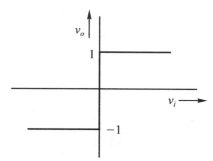

(b) 振幅限制器的輸入輸出特性

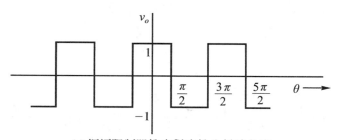

(c) 振幅限制器輸出對應輸入信號角度

圖 5.18

$$v_i(t) = A(t)\cos\theta(t) \dots\dots\dots (5.31a)$$

此處

$$\theta(t) = \omega_c t + K_f \int_{-\infty}^{t} m(\alpha)d\alpha \dots\dots\dots (5.31b)$$

振幅限制器的輸出 $v_o(t)$ 能被表示為 θ 的函數(因為 $A(t) \geq 0$)

$$v_o(\theta) = \begin{cases} 1 & \cos\theta > 0 \\ -1 & \cos\theta < 0 \end{cases}$$

於是$v_o(\theta)$是一個週期為2π的方波函數,如圖 5.18(c)所示,它能以**傅利葉級數**展開

$$v_o(\theta) = \frac{4}{\pi}\left[\cos\theta - \frac{1}{3}\cos 3\theta + \frac{1}{5}\cos 5\theta - \cdots\right]$$

在任何時刻t,$\theta = \omega_c t + K_f \int m(\alpha)d\alpha$及輸出是$v_o\left[\omega_c t + K_f \int m(\alpha)d\alpha\right]$,於是輸出$v_o$是時間的函數,表示如下

$$\begin{aligned}
v_o[\theta(t)] &= v_o\left[\omega_c t + K_f \int m(\alpha)d\alpha\right] \\
&= \frac{4}{\pi}\left[\cos\left[\omega_c t + K_f \int m(\alpha)d\alpha\right] - \frac{1}{3}\cos 3\left[\omega_c t\right.\right. \\
&\quad \left.\left. + K_f m(\alpha)d\alpha\right] + \frac{1}{5}\cos 5\left[\omega_c t + K_f m(\alpha)d\alpha\right]\cdots\right]
\end{aligned}$$

因此其輸出含有原來的 FM 信號及倍數為 3,5,7,…等的倍頻 FM 信號,我們將此輸出通過中心頻率ω_c及頻寬B_{FM}的通帶濾波器,如圖 5.18(a)所示,濾波器輸出$e_o(t)$為固定振幅所想要的 FM 信號。

$$e_o(t) = \frac{4}{\pi}\cos\left[\omega_c t + K_f \int m(\alpha)d\alpha\right]$$

5.5-2 實用的 FM 解調器

1. 最簡單的 FM 解調器

這一種最簡單的FM解調器如圖 5.19(a)所示,它是利用運算放大器構成微分器及二極體、電阻、電容組成波封檢波器,就可得到調變信號$m(t)$,圖 5.19(a)的缺點是載波頻率ω_c不能太高及線性區域太窄。圖 5.19(b)是輸入-輸出特性曲線,參考圖 5.18。

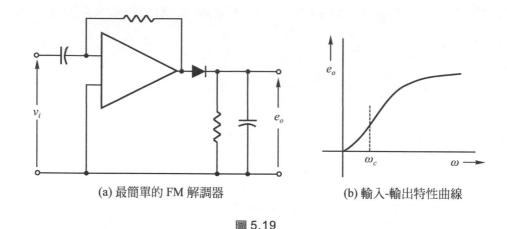

(a) 最簡單的 FM 解調器　　　　　(b) 輸入-輸出特性曲線

圖 5.19

2. 斜率檢波

　　這一種 FM 解調器是一種簡單的調諧電路，後面緊接一個波封檢波器被顯示於圖 5.20(a)，因為在高於或低於共振頻率(resonance frequency)的附近，轉換函數$|H(\omega)|$近似於線性，如圖 5.20(b)所示，由於是在$|H(\omega)|$的斜率上操作，這種方法亦被稱為斜率檢波(slope detection)，其缺點是$|H(\omega)|$的線性頻率太窄，在輸出端引起不可忽略的失真。要消除這種失真，可用平衡的型態來達成，如圖 5.20(c)所示，它用兩個共振電路，其中一個調諧在ω_c之上，另外一個調諧在ω_c之下，這兩個電路的輸入信號是大小相同，但極性相反，它們的輸出是波封檢波，然後兩個相減產生希望要的信號且與$m(t)$成比例。這個解調器的合成輸出與頻率的特性曲線，可由各個獨立時的特性相減而得到，如圖 5.20(d)所示，這合成的特性曲線的線性頻帶較寬且對於未調變載波輸入時，其輸出信號是零。

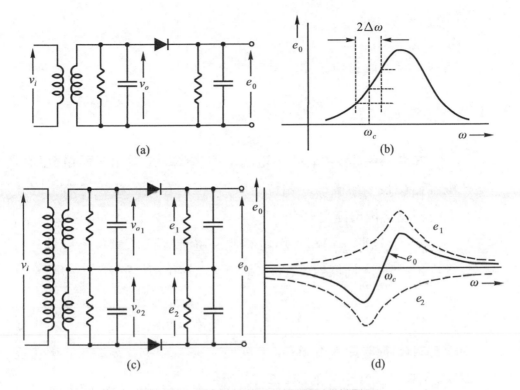

圖 5.20 斜率檢波的 FM 解調器(或鑑別器)

3. 相移檢波器

相移檢波器或稱為佛斯特－希利鑑別器(Foster-Seeley dis-criminator)亦是一種平衡的 FM 解調器，很廣泛地被使用，如圖 5.21 所示。它有兩個調諧電路，分別是電容器C_1與初級線圈(primary coil)及電容器C_2與次級線圈(secondary)，經由電容器C_c交連。電容器C_c及C在$\omega = \omega_c$時阻抗可忽略，於是整個初級線圈電壓E_p跨在射頻抗流圈(RF choke)L上，圖 5.21(b)顯示其簡化的等效電路，跨在上半部波封檢波器的電壓為

$$E_{d1} = E_p + \frac{E_s}{2}$$

跨在下半部波封檢波器的電壓為

$$E_{d1} = E_p - \frac{E_s}{2}$$

在共振頻率$\omega = \omega_c$時，電流 I 與電壓E_p是同相，而電流通過電容器C_2後，落後E_p的相位是90°，但跨在C_2的電壓是E_s，因此E_s的相位落後E_p亦是90°。

當$\omega > \omega_c$時，電路呈現電感性及電流I落後電壓E_p，於是E_s落後E_p超過90°。同樣地，在$\omega < \omega_c$時，E_s落後E_p小於90°，如圖 5.21 (c)所示。

輸出電壓v_o是在兩個波封檢波器輸出的相差$|E_{d1}| - |E_{d2}|$，從圖 5.21(c)很明顯地看出在$\omega = \omega_c$時，$v_o = 0$，$\omega > \omega_c$時，v_o增加及$\omega < \omega_c$時，v_o減小，如圖 5.21(d)所示。

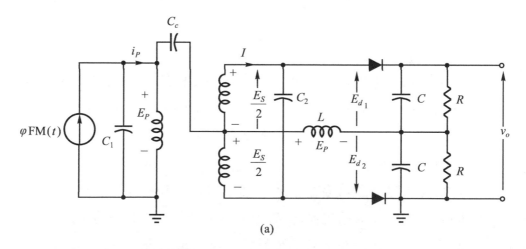

(a)

圖 5.21 相移檢波器(或稱佛斯特－希利鑑別器)

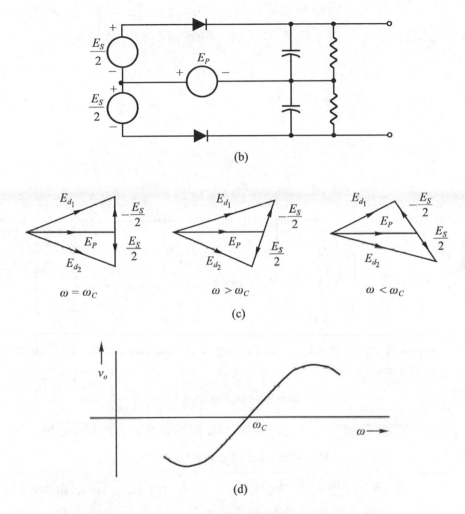

圖 5.21　相移檢波器(或稱佛斯特-希利鑑別器)(續)

4. 比率檢波器

　　將相移檢波器加以變化就可成爲比率檢波器(ratio detector)
如圖 5.22 所示，它與相移檢波器有兩方面不相同，那就是二極體
被反偏及在負載電阻上跨有一個穩定電壓的電容器C_s，這電容器
C_s的值必須很大，足夠維持一個等於跨在二極體上波封電壓的固

定電壓E_c，這個特性是要消除FM信號中的振幅變化，任何輸入信號振幅的突然改變將被這個大電容器抑制，也就是

$$E_c = e_1 + e_2$$

及

$$v_o = e_1 - \frac{E_c}{2} = e_1 - \frac{e_1 + e_2}{2} = \frac{e_1 - e_2}{2}$$

$$= K[\,|E_{d1}| - |E_{d2}|\,]$$

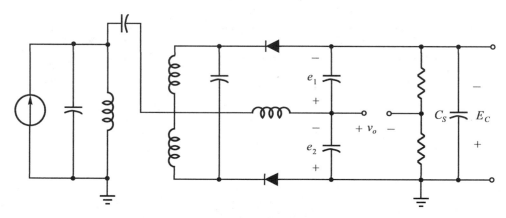

圖5.22　比率檢波器

在$\omega = \omega_c$時，$e_1 = e_2$，在$\omega > \omega_c$時，$e_1 > e_2$及在$\omega < \omega_c$時，$e_1 < e_2$，因此輸出電壓v_o與頻率的特性與圖5.21(d)相似。

這個電路優於相移檢波器的主要特性是他有振幅限制的作用，這兩種電路都廣泛地被使用。以上所討論的所有FM檢波器亦被稱爲頻率鑑別器(frequency discriminators)。

5.　**時間延遲解調器**

時間延遲(time-delay)解調器是由一延遲元件及波封檢波器所構成，如圖5.23所示。

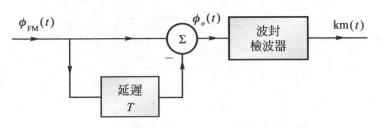

圖 5.23　時間延遲解調器

對一個小的時間延遲T，圖 5.23 的輸出$\phi_o(t)$是正比於$\dot{\phi}_{\text{FM}}(t)$，因為

$$\phi_o(t) = \phi_{\text{FM}}(t) - \phi_{\text{FM}}(t - T) \simeq T\dot{\phi}_{\text{FM}}(t) \quad T \ll \frac{1}{f_c}$$

信號$\phi_o(t)$再經由波封檢波器就可得到所想要的信號$Km(t)$，延遲時間T可用一段傳輸線來完成。

6.　**相鎖迴路解調器**

　　相鎖迴路(phase-lock loop)簡稱PLL，主要是用來追蹤輸入信號中載波的相位及頻率，可用做FM解調器，特別是在雜訊很強的環境中，比前述的各種習慣用FM解調器更為有效。換句話說，當信號功率是很弱時及雜訊功率是很強時(低的SNR)，PLL更能顯出其優點。目前的PLL的應用很廣泛，尤其是在太空通信及商業用FM接收機。

　　相鎖迴路的基本方塊圖如圖 5.24(a)所示，它包含三個基本元件

(1)　相位比較器。

(2)　迴路濾波器。

(3)　電壓控制振盪器(VCO)。

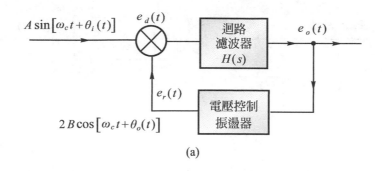

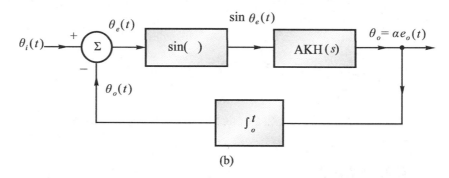

圖 5.24　相鎖迴路及其等效電路

　　迴路濾波器$H(s)$的輸出是$e_o(t)$，它可做為 VCO 的輸入，令 VCO 的靜態頻率(當$e_o(t)=0$時，VCO 的頻率)是ω_c，則 VCO 的瞬時頻率為

$$\omega_i = \omega_c + \alpha e_o(t)$$

因此，VCO 的輸出$e_r(t)$為

$$e_r(t) = 2B\cos[\omega_c t + \theta_o(t)]$$

而

$$\dot{\theta}_o(t) = \alpha e_o(t)$$

其中的α與B均為 PLL 的常數。

令 PLL 的輸入信號是$A\sin[\omega_c t + \theta_i(t)]$，它並不需要與 VCO 的靜態頻率$\omega_c$相同，但須在可追蹤的範圍內。假如輸入信號是$A\sin[\omega_{in}t + \varphi(t)]$，它可被寫為$A\sin[\omega_c t + \theta_i(t)]$，這裡$\theta_i(t) = (\omega_{in} - \omega_c)t + \varphi((t)$。

圖 5.24(a)中的乘法器可當做相位比較器使用，其輸出$e_d(t)$是

$$e_d(t) = 2AB\sin[\omega_c t + \theta_i(t)]\cos[\omega_c t + \theta_o(t)]$$

可產生和與差的頻率項，和的頻率項被迴路濾波器抑制，因此實際輸入至迴路濾波器的信號是$AB\sin[\theta_i(t) - \theta_o(t)]$。假如迴路濾波器的單脈衝響應是$h(t)$則

$$e_o(t) = h(t) \cdot AB\sin[\theta_i(t) - \theta_o(t)]$$
$$= AB\int_0^t h(t-x)\sin[\theta_i(x) - \theta_o(x)]dx \dots\dots\dots\dots\dots\dots\dots(5.32)$$

將(8.39)代入式可得

$$\phi_o(t) = \alpha AB\int_0^t h(t-x)\sin\theta_e(x)dx \dots\dots\dots\dots\dots\dots\dots(5.33)$$

$\theta_e(t)$是相位誤差，定義

$$\theta_e(t) = \theta_i(t) - \theta_o(t) \dots\dots\dots\dots\dots\dots\dots\dots\dots\dots\dots\dots\dots(5.34)$$

於是從(5.32)、(5.33)、(5.34)等公式可立刻建立PLL的模型，如圖 5.24(b)所示。

圖 5.24(b)是一個非線性回饋系統，因為在它的途徑中含有一個非線性的乘法器$\sin(\cdot)$。VCO的角$\theta_o(t)$試圖追蹤輸入角$\theta_i(t)$，其誤差角$\theta_e(t)$是被用來修正$\theta_o(t)$，使$\theta_o(t)$盡可能接近$\theta_i(t)$，在適當的操作時，誤差角$\theta_e(t)$將趨近於零，達到這個情況時，VCO的

輸出與輸入信號在頻率上被同步及它們的相位角準確地相差 $\frac{\pi}{2}$，這兩個信號被稱爲互相相位同調(phase coherent)或相鎖。

現在將證實PLL能解調FM信號，我們可注意到在適當的操作下 $\theta_e(t)$ 接近一個很小的常數值，因此

$$\theta_o(t) - \theta_i(t) - \theta_e$$

對於輸入的 FM 信號 $A\sin[\omega_c t + \theta_i(t)]$

於是

$$\theta_i(t) = K_f \int_{-\infty}^{t} m(\alpha)d\alpha$$

$$\theta_o(t) = K_f \int_{-\infty}^{t} m(\alpha)d\alpha - \theta_e$$

及

$$e_o(t) = \frac{1}{\alpha}\phi_o(t) \simeq \frac{K_f}{\alpha}m(t) \dots\dots\dots\dots\dots\dots\dots\dots(5.35)$$

因此以上的討論可得證PLL可當做FM解調器。

圖 5.25 是目前最常使用的 IC PLL 565 的方塊圖。565 被連接成爲 FM 解調器。565 電路被顯示在虛線中，所有在虛線外的元件都是分立的(discrete)，所有連接線上的數目就是 565 IC 的接腳，它是一個 14 接腳的雙排包裝(dual-in-line package；DIP)電路所需的直流電壓是±12 V。

低通濾波器是由 565 內部第 7 腳的 3.6 kΩ電阻器及外加 0.1 μF 電容器 C_2 組合而成，復原的調變信號就是從這濾波器取出。VCO 的自由跑頻率 f_o (free-running frequency)是由外部元件 R_1 及 C_1 決定，依公式 $f_o = \frac{1.2}{4R_1C_1} = \frac{1.2}{4(2700(0.01\times10^{-6}))} = 11$ kHz 計算而得。

頻率鎖住範圍 f_L 能由廠商提供的資料計算出，本電路中 f_L 為

$$f_L = 16 f_o / V_s$$

上式中 V_s 是總供應電壓，因此圍繞在自由跑中心頻率的鎖住頻率

範圍 $f_L = \dfrac{16(11.11 \times 10^3)}{24} = 7406.7$ Hz 或 ±3703.3 Hz。

565 IC 的最大頻率限制是 500 kHz。

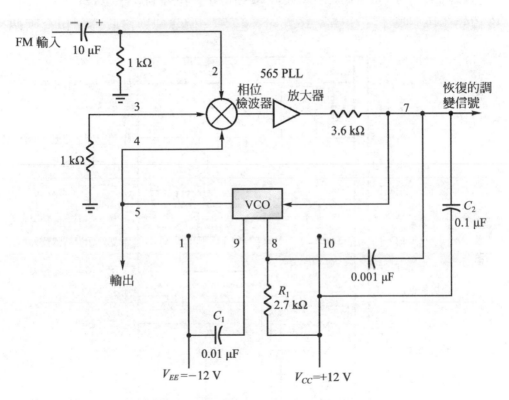

圖 5.25　利用 IC566 當作 PLL FM 解調器

5.6　實用的 FM 接收機電路

圖 5.26 顯示一個 FM 接收機 IC 晶片，就是很流行的摩托羅拉
(Motorola)MC 3363，除了聲頻功率放大器外，包含所有的其他接收機
電路，這是一顆可單獨使用的晶片，工作頻率可達 200 MHz。廣泛被使
用在無線電話(cordless telephones)、呼叫器接收機及其他可攜式應用，
如遙控玩具、監視器及短距離對講機等。MC3363 晶片被安裝在一個 28
接腳的雙排封裝上，如圖 5.26 所示。這是一個雙轉換接收機，包含兩個

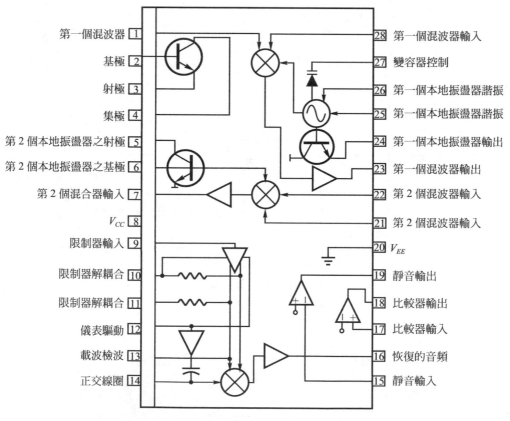

圖 5.26　Motorola MC3363 雙轉換接收機 IC

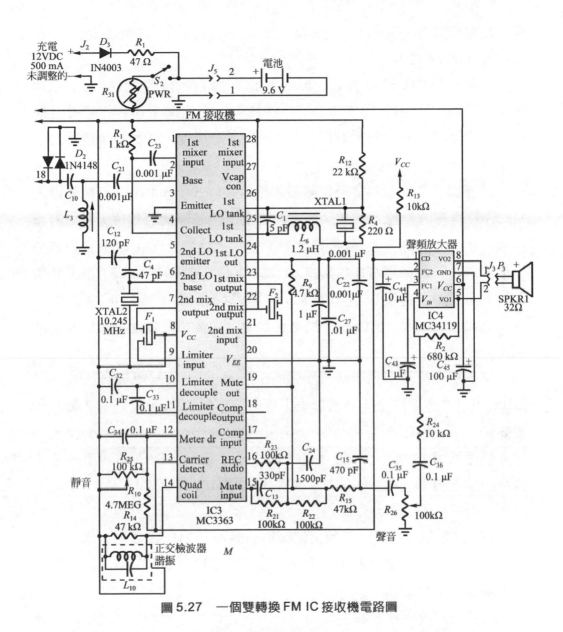

圖 5.27 一個雙轉換 FM IC 接收機電路圖

混波器(Mixer)、兩個本地振盪器(local oscillators)、一個限制器、一個正交檢波器(quadrature detector)及靜音電路(squelch circuits)。第一

個本地振盪器有一個內建的變容器，允許由外加的頻率綜合器(frequency synthesizer)來控制。

一個利用 MC3363 完成的接收機如圖 5.27 所示，接收機工作在 30 MHz 相對於 FM 發射機如前面圖 5.16 所示。它用圖 5.16 中 FM 發射機調諧輸出濾波器當做圖 5.27FM 接收機輸入選擇性，這過程是要經過由 L_3 及 C_{10} 組成的阻抗匹配段。

二極體 D_1 及 D_2 提供過載保護接收機前端(front end)，信號接著進入 MC3363 內部的接腳 2、3 及 4 的電晶體上，這是一個射頻放大器，射頻放大器的輸出經由 R_7 及 C_{28} 被耦合到第一級混合器上，接收機被調諧到一個頻道上，其頻率由外加晶體XTAL1 來設定到 10.7 MHz，稍大於輸入信號，若輸入信號是 27.125 MHz，則晶體振盪頻率是 10.7＋27.125 ＝ 37.845 MHz，晶體XTAL1 被連接到接收機第一個本地振盪器，其接腳是 25 及 26。

第一級混波器中頻信號的輸出是在接腳 23 上，被連接到一個 10.7 MHz 陶瓷濾波器 F_2 上，濾波器輸出再饋送到接腳 21，就是第 2 個混合器的輸入端。接腳 5 及 6 上的本地振盪器饋送信號到第 2 級混合器上，這亦是由晶體控制的。一個 10.245 MHz 晶體 XTAL2 設定頻率。這一個IF及這振盪器產生第 2 個 IF，就是 10.7 MHz 與 10.245 MHz 之差，產生 0.455 MHz 或 455 kHz。

第 7 腳的第 2 個混合器輸出饋送到一個 455 kHz 陶瓷濾波器上，提供另外的選擇性。濾波器的輸出前進到第 9 腳限制器輸入端，限制器輸出端驅動正交檢波器。

正交電感線圈在方塊中以 L_{10} 表示，正交檢波器的輸出就是復原的聲頻信號，然後由接腳 15 及 19 的內部運算放大器及相關電阻及電容組成的主動低通濾波器加以濾波，這濾波器的截止頻率是 3 kHz。

5.7　FM 及 AM 的應用

FM 及 AM 的主要應用綜整於表 5.1。

表 5.1　FM 及 AM 的應用

應用	調變形式
AM 無線廣播(AM broadcast radio)	AM
FM 無線廣播(FM broadcast radio)	FM
FM 立體聲(FM stereo multiplex sound)	DSB(AM) and FM
電視聲音(TV sound)	FM
電視影像(TV picture(video))	AM
電視彩色信號(TV color signals)	Quadrature DSB(AM)
行動電話(Cellular telephone)	FM
無線電話(Cordless telephone)	FM
傳真(Fax machine)	FM，QAM(AM plus PSK)
飛機通訊(Aircraft radio)	AM
船隻通訊(Marine radio)	FM and SSB(AM)
手持無線電(Mobile and handheld radio)	FM
市民頻帶無線電(Citizens' hand radio)	AM and SSB(AM)
業餘無線電(Amateur radio)	FM and SSB(AM)
計算機數據機(Computer modems)	FSK，PSK，QAM(AM plus PSK)
車庫開門控制(Garage door opener)	OOK
電視遙控(TV remote control)	OOK
錄放影機(VCR)	FM

習 題

1. 已知調變信號

    $m(t) = \cos 1000t + 2\sin 2000t$

    決定 $\phi_{FM}(t)$ 及 $\phi_{PM}(t)$，當 $\omega_c = 10^8$，$K_f = 100$ 及 $K_p = 10$，並估計其波形的頻寬。

2. 一已角調變信號以下述方程式描述

    $\phi_{EM}(t) = 10\cos(2\pi \times 10^6 t + 0.1\sin 2000\pi t)$

    (1) 求出已調變信號的功率。

    (2) 求出最大頻率偏差。

    (3) 求出最大相位偏差。

    (4) 求出信號的頻寬。

3. 一 10 MHz 的載波被 5 kHz 的正弦波信號調變，以致最大頻率偏差是 1 MHz，估計 FM 載波的頻寬。若調變信號的振幅加倍，再估計 FM 載波的頻寬，若調變信號的頻率亦被加倍，此時 FM 載波的頻寬為多少？

4. 已知一 FM 信號是

    $\phi_{FM}(t) = 10\cos[10^6 \pi t + 8\sin(10^3 \pi t)]$

    試決定

    (1) 載波頻率。

    (2) 調變指數。

    (3) 最大頻率偏差。

5. 一個振幅為 1 及最大相位偏差是 1 弧度的 5 kHz 的正弦波調相計算 PM 信號的頻寬

(1) 用卡爾森規則。

(2) 由有效旁波帶的定義求出。

6. 一個振盪器中的並聯調諧電路含有40-μH 電感器及並聯的330-μF 電容器，且有一變容器 50 pF 與此並聯調諧電路連接，試求調諧電路的共振頻率是多少？振盪器的工作頻率是多少？

7. 一個相位調變器產生的最大相位移是45°，調變信號頻率範圍是 300 到 4000 Hz，試求最大可能頻率偏差是多少？

8. 一個 565 IC PLL 有一個外接電阻R_1及電容C_1，其值分別是 1.2 kΩ 及 560 pF，電源供應是 10 V，試求(1)自由運作頻率(free-running)；(2)鎖住範圍。

9. 列舉出相位鎖定迴路(PLL)的三個主要組件及描述其各自的作用。

10. 若輸入到混波器的兩個信號分別是 162 MHz 及 189 MHz，試求其輸出。

Communication Electronics

Chapter **6**

脈波調變

6.1 取樣理論

信號的傳輸可為類比形式或數位形式，但由於目前數位計算機的進步發展及大量使用，加速數位信號的處理，因此許多類比信號必先經由取樣過程及編碼成為數位信號，最後再還原為原來的信號。

在此我們將以取樣(sampling)值來代表信號而不用其真正的波形。在取樣的過程中有兩個問題：

1. 多久取一樣本？
2. 給一組樣本如何構成原來的信號呢？

所有這些問題我們都將以理想狀況(即信號頻寬為有限)來解答。

δ函數取樣

　　理想化的取樣器如圖 6.1 所示，它
是一個將兩輸入信號相乘的裝置，這
裝置的輸出信號就是被取樣過的信號
$g_s(t)$，這兩輸入信號分別爲要被取樣的
信號$g(t)$及取樣信號$\delta_P(t)$，它是個週期
性的脈波串，週期爲T_s，即

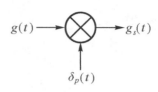

圖 6.1　理想化取樣器

$$\delta_P(t) = \sum_{n=-\infty}^{\infty} \delta(t-nT_s)$$

取樣過的信號$g_s(t)$爲

$$g_s(t) = g(t) \sum_{n=-\infty}^{\infty} \delta(t-nT_s) \quad\dots\dots\dots\dots\dots\dots (6.1)$$

將脈衝串取傅立葉級數，即(3.25b)式，我們可得

$$g_s(t) = \frac{1}{T_s} g(t) \sum_{n=-\infty}^{\infty} e^{jn\omega_s t}$$

$$= \frac{1}{T_s} \sum_{n=-\infty}^{\infty} g(t) e^{jn\omega_s t}$$

兩邊取傅利葉轉換，即(3.45)式，我們可得

$$G_s(\omega) = \frac{1}{T_s} \sum_{n=-\infty}^{\infty} G(\omega - m\omega_s) \quad \omega_s = \frac{2\pi}{T_s} \dots\dots\dots\dots\dots (6.2)$$

被取樣過的信號$g_s(t)$的傅利葉轉換包含有$G(\omega)$及無限多每$\pm n\omega_s$重覆本
身，這裡n爲正整數，參看圖 6.2(e)，我們發現當$\omega_s \geq 2(2\pi B)$時，兩個鄰
近的$G(\omega)$將不會有重疊之處，即

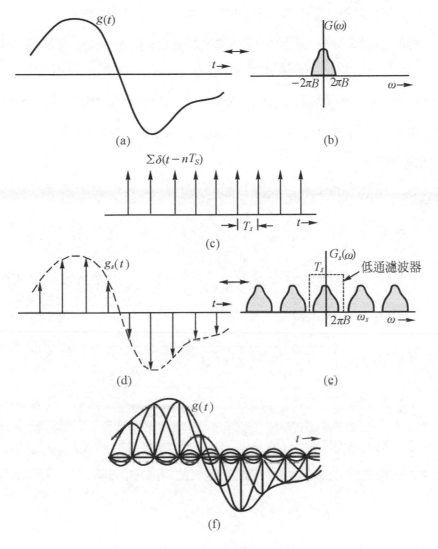

圖 6.2　信號取樣

也就是

$$\frac{2\pi}{T_s} \geq 4\pi B$$

$$T_s \leq \frac{1}{2B} \quad\text{...}(6.3)$$

因此，只要取樣間距$T_s < \dfrac{1}{2B}$或是取樣速率大於每秒$2B$取樣，$G_s(\omega)$包含有不重疊的重覆$G(\omega)$，結果只要簡單地將$g_s(t)$通過一低通濾波器，其轉移函數的大小特性$|H(\omega)|$被顯示於圖 6.2(e)中的虛線，就可恢復$g(t)$，這就證明取樣理論。最大允許取樣間距$T_s = \dfrac{1}{2B}$被稱為尼奎士間距(Nyquist interval)及其所對應的取樣率(每秒$2B$取樣)被稱為**尼奎士取樣率**(Nyquist sampling rate)。

圖 6.2(e)中低通濾波器的轉移函數$H(\omega)$為

$$H(\omega) = T_s \Pi\left(\frac{\omega}{4\pi B}\right)$$

其中T_s為增益，B為頻寬(單位為 Hz)，它所對應的單脈衝響應$h(t)$為

$$h(t) = 2T_s \operatorname{sinc}(2Bt)$$

取T_s為尼奎士間距$\left(T_s = \dfrac{1}{2B}\right)$，我們可得

$$h(t) = \operatorname{sinc}(2Bt)$$

濾波器的輸入信號$g_s(t)$是一序列以T_s分離均勻的脈衝，因此位於$t = nT_s$的第n個脈衝強度為$g(nT_s)$，濾波器對這個脈衝的輸出為

$$g(nT_s)h(t - nT_s) = g(nT_s)\operatorname{sinc}2B(t - nT_s)$$

於是濾波器的輸出$g(t)$是所有輸入脈衝輸出之和，即

$$g(t) = \sum_{n=-\infty}^{\infty} g(nT_s)\operatorname{sinc}2B(t - nT_s)$$

$$= \sum_{n=-\infty}^{\infty} g(nT_s)\operatorname{sinc}(2Bt - n)$$

於是從上式知$g(t)$能從它的取樣$g(nT_s)$再組合出原來的信號，這個重新組合的步驟如圖 6.2(f)所示。

均勻取樣定理(uniform sampling theorem)

取樣過程中確信能將一有頻寬限制的信號經一適當的濾波後可完全再造的要求為均勻取樣定理，敘述如下：

一個有頻寬限制的信號，它不含超過B嚇芝的頻率部份，欲被完全再造的話，它的均勻取樣需為$2B$或者更大，也就是說，兩個取樣的間距不得超過$\dfrac{1}{2B}$秒。

混淆誤差(aliasing error)

當取樣率小於$2B$時，則$G_s(\omega)$頻譜中鄰近的$G(\omega)$會有重疊存在，如圖 6.3 所示，此時$G_s(\omega)$不在有完整的$G(\omega)$，於是無法從信號$g_s(t)$中重新恢復信號$g(t)$。

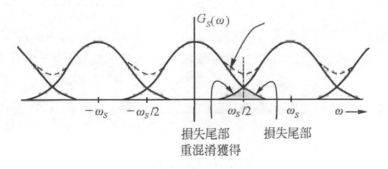

圖6.3 混淆誤差

引起$G_s(\omega)$失真的形式有兩類：

1. 在頻率$|\omega| > \dfrac{\omega_s}{2}$時，$G(\omega)$的尾端有損失。

2. 鄰近$G(\omega)$的尾端在截止頻率上以倒反的樣式出現，被稱為頻率折疊(spectral folding)。

要消除折疊的失真，可在信號被取樣前，將頻譜在$|\omega|=\dfrac{\omega_s}{2}$處，切去尾端，於是$G_s(\omega)$中的折疊部份消失。在恢復$g(t)$時，僅有在$|\omega|>\dfrac{\omega_s}{2}$時所損失的尾端會引起較小的誤差。

例 6.1 估計圖 6.4(a)中信號$g(t)$的基本頻寬(essential bandwidth)。

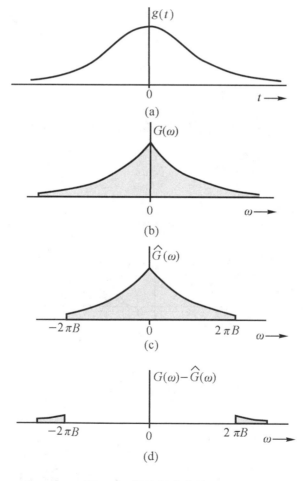

圖 6.4 信號頻寬的估計

$$g(t) = \frac{2a}{t^2 + a^2}$$

解 利用對稱性質(3.34)式，我們得到

$$\frac{2a}{t^2 + a^2} \Leftrightarrow 2\pi e^{-a/\omega}$$

信號$g(t)$的傅利葉轉換$G(\omega) = 2\pi e^{-a|\omega|}$如圖 6.4(b)所示，因為 $g(t)$並非限頻信號，無論取樣率為多少，混淆誤差都會發生。 為了避免混淆誤差的產生，將預估$g(t)$的基本頻寬，將大於 $|B|$的頻率分量均切除，如圖 6.4(c)所示。我們可將信號$g(t)$ 先經過頻寬為B的濾波器，產生頻寬為B的信號$\hat{g}(t)$，然後能 以$\geq 2B$的取樣率取樣。從這些取樣我們能重新組合得到$\hat{g}(t)$， 它非常近似於$g(t)$。它們之間的誤差$e(t)$是$g(t) - \hat{g}(t)$，若以 頻譜表示就是$G(\omega) - \hat{G}(\omega)$如圖 6.4(d)所示。

為了選擇B，我們必須規定一誤差準則，例如我們可以選擇 B以致誤差信號的能量E_e小於信號$g(t)$能量的 1 %。從圖 6.4 (d)中可知誤差信號能量E_e為

$$E_e = \frac{1}{2\pi} \int_{-\infty}^{\infty} |G(\omega) - \hat{G}(\omega)|^2 d\omega$$

對一個真實信號$e(t)$，$|E(\omega)|^2$是ω的偶函數，於是

$$E_e = \frac{1}{\pi} \int_0^{\pi} |G(\omega) - \hat{G}(\omega)|^2 d\omega$$

$$= \frac{1}{\pi} \int_{2\pi B}^{\infty} |2\pi e^{-a\omega}|^2 d\omega$$

$$= 4\pi \int_{2\pi B}^{\infty} e^{-2a\omega} d\omega$$

$$= \frac{2\pi}{a} e^{-4\pi a B}$$

當$B \to 0$時，$g(t)$的能量E_g與E_e相同(看圖6.4(d))，因此

$$E_g = \frac{2\pi}{a}$$

我們要求

$$E_e = 0.01 E_g$$

或$\dfrac{2\pi}{a} e^{-4\pi aB} = 0.01 \left(\dfrac{2\pi}{a} \right)$

這可得到

$$4\pi aB = \ln(100)$$

及$B = \dfrac{0.36}{a}$

於是要維持$E-e \leq 0.01 E_g$，我們要求$B \geq \dfrac{0.36}{a}$。換句話說，當

$B = \dfrac{0.36}{a}$，誤差爲$E_e = 0.01 E_g$時，尼奎士取樣率是$\dfrac{0.72}{a}$。

實際取樣(practial sampling)

一個實用的取樣器也許爲一簡單的開關每T_s秒關閉τ秒，我們可以把取樣函數$K(t)$看做是一序列窄的矩形波而不像以前一直把它認爲是δ函數，如圖6.5(a)所示。只要取樣率$\geq$尼奎士取樣率，我們能顯示$g(t)$能從窄寬度的矩形波取樣中重新組合，如圖6.5(b)所示。

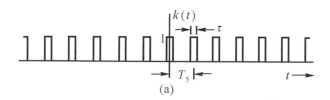

(a)

圖6.5　實際取樣

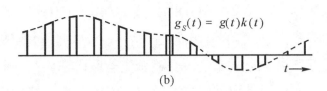

(b)

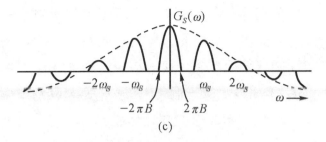

(c)

圖 6.5　實際取樣(續)

圖 6.5(a)中的矩形波串$K(t)$爲

$$K(t) = \sum_{n=-\infty}^{\infty} K_n e^{jn\omega_s t} \quad \omega_s = \frac{2\pi}{T_s}$$

此處[看(2.24)式及$A = 1$]

$$K_n = \frac{1}{\pi n} \sin\left(\frac{n\pi\tau}{T_s}\right)$$

已取樣信號$g_s(t)$是$g(t)$與$K(t)$的乘積

$$g_s(t) = g(t)K(t)$$

$$= g(t) \sum_{n=-\infty}^{\infty} K_n e^{jn\omega_s t}$$

$$= \sum_{n=-\infty}^{\infty} K_n g(t) e^{jn\omega_s t}$$

於是　$$G_s(\omega) = \sum_{n=-\infty}^{\infty} K_n G(\omega - n\omega_s)$$

頻譜$G_s(\omega)$包含每ω_s無限重覆$G(\omega)$的頻譜,如圖 6.5(c)所示。很明顯地從圖 6.5(c)中可看出$g(t)$能由$g_s(t)$通過一頻帶為B的低通濾波器而再造。

　　取樣理論是脈波調變的基礎,我們發覺若取樣率夠高的話(即≥2B),一連續的限頻信號可由其取樣值來表示。例如,考慮一個類比信號$f(t)$,它被分佈均勻的間距所取樣就如圖 6.6(a)所示,其所對應的數值被顯示於圖 6.6(b)表格中,表格中分離的數值從左向右依次的被發射機傳送出去,當這些數值經由傳輸介質到達接收機後,經過解調作用,第一個輸出的脈波是 4,第二個是 3,第三個是 1,……等,直到整個取樣值正確地被重建,才能正確地回覆原來的類比信號$f(t)$。

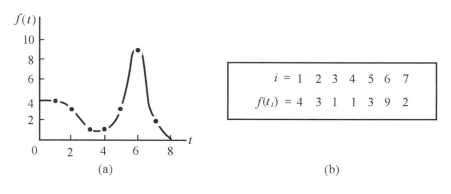

圖 6.6　類比信號被取樣

　　脈波調變的重要型式為脈波振幅調變(PAM)(pulse-amplitude modulation),脈波期間調變(PDM)(pulse-duration modulation),脈波位置調變(PPM)(pulse-position modulation)及脈波編碼調變)PCM)(pulse-code modulation),這些調變的波形說明於圖 6.7。圖 6.7(a)之調變信號在指定的時間被取樣且除PCM外,它被用來調變圖 6.7(b)的脈波載波,在 PCM 中有較高頻率的載波諧波被用到。在載波上的調變是很容易看出的。在圖 6.7(c)所示的 PAM 信號,其脈波之高度對應於取樣值,圖 6.7(c)及 6.7(e)的 PDM 及 PPM 信號相對應的脈波寬及位置也是對應於取樣，這種做法對應於圖 6.7(f)的 PCM 就不甚明顯。因 PCM 包含一序列二進位碼的脈波，這些脈波碼的值對應於取樣值。實線的脈波表二進位 1，虛線(沒脈波)表二進位 0。

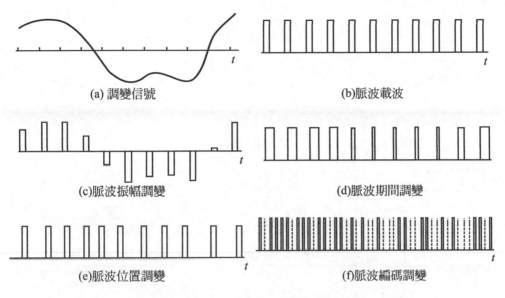

(a) 調變信號　　　　　　　　　　　　(b)脈波載波

(c)脈波振幅調變　　　　　　　　　　(d)脈波期間調變

(e)脈波位置調變　　　　　　　　　　(f)脈波編碼調變

圖 6.7　脈波調變之波形

　　另外我們還要討論多工制(multiplexing)，在單一頻道上可同時傳送好幾個信號，多工制最常見的例子是現代的電話系統。若每一對通話需要一個頻道，則這種系統的價格和複雜性是相當驚人的。我們將在第 6.7 節中討論過分頻多工制(FDM)，在這章裡我們將討論分時多工制(TDM) (time devision multiplexing)及直交多工制(QM)(quadrature multiplexing)。

6.2　脈波振幅調變(PAM)

　　PAM 是將調變信號 $f(t)$ 與脈波信號 $P_T(t)$ 相乘而得，即 $f_s(t)$，如圖 6.8(a)所示。若調變信號 $f(t)$ 的頻寬為 B Hz，則取樣的時距 T 須滿足尼

奎士時距 $\frac{1}{2B}$，於是週期的長方形脈波串信號 $P_T(t)$ 必須滿足這條件(時距為 $\frac{1}{2}B$，如圖6.8(d)所示。$P_T(t)$ 的傅利葉級數為

$$P_T(t) = \sum_{n=-\infty}^{\infty} P_n e^{jn\omega_t} \qquad\qquad (6.4a)$$

其中常數 P_n 是

$$P_n = \frac{1}{\pi n} \sin\left(\frac{n\pi\tau}{T}\right) \qquad\qquad (6.4b)$$

已取樣信號 $f_s(t)$ 是 $f(t)$ 與 $P_T(t)$ 的乘積，即

$$f_s(t) = f(t)P_T(t) \qquad\qquad (6.5)$$

以圖6.8(f)表示。它的頻譜是對公式(6.5)取得傅利葉轉換而得

$$\begin{aligned}
F_S(\omega) &= \frac{1}{2\pi} F(\omega) \cdot P(\omega) \\
&= \frac{1}{2\pi} F(\omega) \cdot \frac{\tau}{T} \sum_{n=-\infty}^{\infty} \sin C\left(\frac{n\pi\tau}{T}\right) 2\pi\delta\left(\omega - \frac{n2\pi}{T}\right) \\
&= \frac{\tau}{T} \sum_{n=-\infty}^{\infty} \sin C\left(\frac{n\pi\tau}{T}\right) F\left(\omega - \frac{n2\pi}{T}\right) \qquad\qquad (6.6)
\end{aligned}$$

因此已取樣信號 $f_s(t)$ 的頻譜 $F_s(\omega)$ 如圖6.8(g)所示。但值得注意的是，從圖6.8(F)中知已取樣信號 $f_s(t)$ 就是飾頂PAM(shaped-top PAM)信號，因為脈波的頂已被調變信號 $f(t)$ 修飾過。解調時使用一低通濾波器由脈波調變頻譜 $F_s(\omega)$ 得到調變信號 $F(\omega)$。

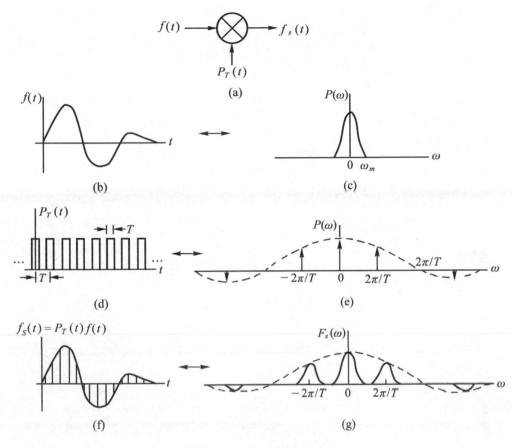

圖 6.8　脈波調變之波形

　　由於頻寬的限制，實用上很難保住 PAM 脈波的頂形，因此頂端的
形狀通常被忽略而只考慮平均脈波高度。欲決定忽略頂形的影響，我們
來考慮圖 6.9(a)所示產生平頂 PAM(flat-top PAM)的方法。圖 6.4(b)之
調變信號 $f(t)$ 與圖 6.9(c)之脈衝取樣函數 $P_T(t)$ 相乘，產生的已取樣信號
經由一守住(hold)的作用就變成了圖 6.9(f)平頂的 PAM 信號。這過程從
數學觀點來看就等於這些取樣的 δ 函數和圖 6.9(e)中的矩形脈波 $q(t)$ 作時
域的迴旋。

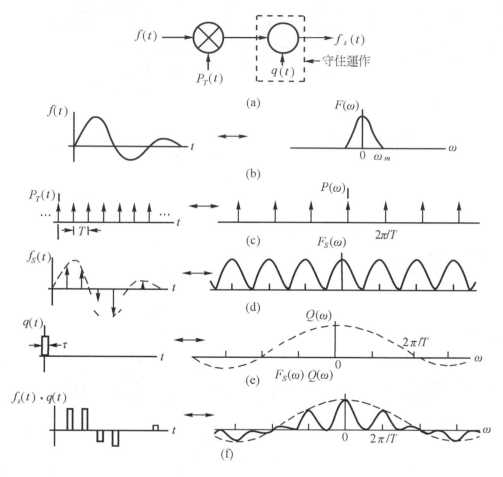

圖 6.9　平頂 PAM 信號

　　首先我們令取樣脈波寬度τ變的非常窄，成爲脈衝取樣，同時假設每一脈衝的單位面積爲 1，於是(6.6)式可改寫成爲

$$F_s(\omega) = \frac{1}{T} \sum_{n=-\infty}^{\infty} F\left(\omega - \frac{n2\pi}{T}\right) \quad\text{...................................(6.7)}$$

脈衝取樣信號的時域波形爲

$$P_T(t) = \sum_{n=-\infty}^{\infty} \delta(t-nT) \dots\dots\dots\dots\dots\dots\dots\dots(6.8)$$

利用(6.5)式可得已取樣信號 $f_s(t)$

$$f_s(t) = f(t) \sum_{n=-\infty}^{\infty} \delta(t-nT)$$

$$= \sum_{n=-\infty}^{\infty} f(nT)\delta(t-nT) \dots\dots\dots\dots\dots\dots(6.9)$$

(6.9)式的 $f(nT)$ 是 $f(t)$ 的瞬間取樣值。已取樣過信號 $f_s(t)$ 被加入至一單位脈衝為 $q(t)$ 的線性非時變濾波器中，濾波器的輸出為

$$f_s(t) \cdot q(t) = \sum_{n=-\infty}^{\infty} f(nT)\delta(t-nT) \cdot q(t)$$

$$= \sum_{n=-\infty}^{\infty} f(nT)q(t-nT)$$

我們知道時域中的迴旋就是頻譜的相乘，於是

$$F_s(\omega)Q(\omega) = \frac{1}{T} \sum_{n=-\infty}^{\infty} F\left(\omega - \frac{n2\pi}{T}\right)Q(\omega)$$

我們以圖 6.9(f) 顯示其頻譜。但從這 $F_s(\omega)Q(\omega)$ 的頻譜中很明顯的可看出平頂 PAM 之失真，欲除去失真可將一具有轉移函數為 $\frac{1}{Q(\omega)}$ 的等化濾波器(equalizing filter)與解調器相串聯，但是若脈波 $Q(\omega)$ 相當窄的話，上述手續可免，因為失真太小，可忽略掉。當然脈波寬度不允許弄得太窄，因為在實用系統中信號的功率對應脈波面積及脈波高度，所以它們都被限制於合理的值。通常平頂的 PAM 用來取代餰頂的 PAM，經適當的設計它的不良影響很小，一般只要 $\frac{\tau}{T} \le 0.1$ 時，PAM 的等化濾波器可省略掉。

PAM 產生器

圖 6.10 是飾頂[或稱自然取樣(natural sampling)]PAM 的電路圖，FET 是個開關用做為取樣閘，當 FET 是 ON 時，類比信號被短路至地；當 FET 是 off 時，類比信號出現在輸出端。運算放大器 1 是一非反相放大器，可用來使類比輸入頻道與 FET 開關隔離。運算放大器 2 是一高阻抗電壓追隨器(voltage follower)，能驅動低阻抗負載。電阻 R 用來限制運算放大器 1 的輸出電流，當 FET 是 ON 時。

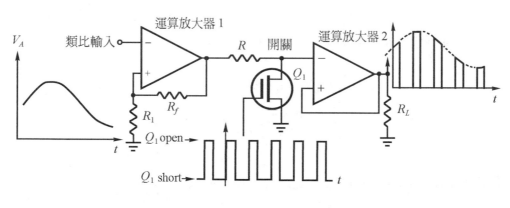

圖 6.10　飾頂 PAM 電路圖

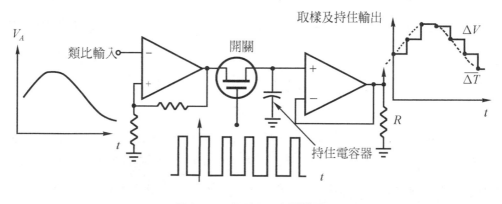

圖 6.11　平頂 PAM 電路圖

　　圖6.11是平頂PAM的電路圖，它比6.10圖多了一個保持元件，那就是電容器。

6.3　脈波期間調變(PDM)

　　PAM 和線性調變類似，因爲它的載波振幅被調變信號改變。以數學觀點而言，這過程在時域上爲兩信號相乘，在頻域上爲相迴旋。PDM和PPM近似於角調變，等我們分析後這結論就很明顯了。

　　PDM的頻譜比PAM更難決定。由下面的討論將可了解這在數學上的難點，例如例題3.3中之(3.15b)式我們將未調變的脈波載波表視爲

$$K(t) = \frac{\tau}{T} + \frac{2\tau}{T} \sum_{n=-\infty}^{\infty} \sin C\left(\frac{n\tau}{T}\right) \cos(n\omega_c t) \quad\text{...........................(6.10)}$$

上式 τ 爲脈波寬，$f_c = \dfrac{1}{T}$ 爲脈波重覆頻率(pulse-repetition frequency)，對正弦波調變而言，變化的脈波寬度爲

$$\tau = C + C_1 \sin \omega_m t \quad\text{..(6.11)}$$

此處 $C > C_1$，將(6.11)式代入(8.10)式中，並且重寫後面一項指數展開式

$$f_{\text{PDM}}(t) = \frac{1}{T}(C + C_1 \sin \omega_m t) + \sum_{n=-\infty}^{\infty} \frac{2}{n\pi} I_m$$

$$\left[\exp\left[j\frac{n\pi}{T}(C + C_1 \sin \omega_m t)\right]\right] \cos n\omega_c t \quad\text{......................(6.12)}$$

在此定義 $\alpha = n\pi C/T$ 及 $\beta = n\pi C_1/T$

$$\exp[j\beta \sin \omega_m t] = \sum_{n=-\infty}^{\infty} J_k(\beta) \exp[jk\omega_m t] \quad\text{...................................(6.13)}$$

於是(6.12)式可被寫成為

$$f_{PDM}(t) = \frac{1}{T}(C + C_1 \sin \omega_m t) + \sum_{n=-\infty}^{\infty} \frac{2}{n\pi} I_m$$

$$\left[\exp[j\alpha] \sum_{n=-\infty}^{\infty} J_k(\beta) \exp[jk\omega_m t] \right] \cos n\omega_m t \quad\text{................(6.14)}$$

這方程式還可再寫成更好的形式，但是，我們只觀察 PDM 頻譜的特性，這形式已經夠了。(6.14)式之頻譜如圖 6.12 所示。

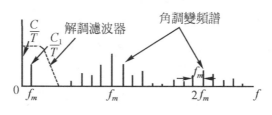

圖 6.12　PDM 信號之頻譜

(6.14)式的第一項包含一直流成分並且有一調變信號頻率的成分在。最後一項則是將角調變之頻譜集中在以與脈衝重覆頻率之諧波為中心之周圍，這些頻譜是複雜的。但是若 f_c 比 f_m 高得很多，解調時只要利用低通濾波器和遮斷電容器(blocking capacitor)摒棄直流成份就可獲得調變信號，這些觀察雖基於簡單分析，但它們還是很有用。

PDM 可由圖 6.13(a)說明其如何產生。圖 6.13(b)的平頂 PAM 信號與圖 6.13(c)的三角波信號相加，得到圖 6.13(d)之信號。然後這信號被送至一切片放大器(slicer amplifier)而得 PDM 信號 $f_{PDM}(t)$，此信號如圖 6.13(e)所示。我們可由 $f_{PDM}(t)$ 的脈波看出，它們的寬度係對應調變信號 $f(t)$ 的脈波前緣的值。

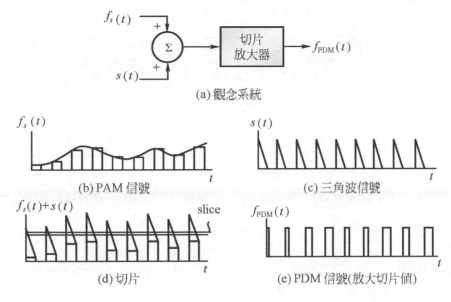

(a) 觀念系統

(b) PAM 信號

(c) 三角波信號

(d) 切片

(e) PDM 信號(放大切片值)

圖 6.13　PDM 的產生

　　除了用低通濾波器直接解調外，PDM也可由將其變成PAM信號後再用低通濾波器來解調，這種轉變的過程是由下列手續完成的，造出一序列有一定寬度的脈波，它們的高度對應於每一 PDM 的脈波面積，這工作可用一電容器來完成。

6.4　脈波位置調變(PPM)

　　PPM和PDM的密切關係可由圖 6.14(a)明顯地看出，在圖中說明如何由 PDM 產生 PPM，圖 6.14(b)PDM脈波的後緣(trialing edge)被調變信號所控制，將 PDM 信號微分可得圖 6.14(c)之$g_1(t)$。將這信號濾波且顛倒，可得$g_2(t)$之脈波串，它的脈波位置由調變信號來決定。這脈波串被用來觸發一個穩定多諧振盪器(one-shot multivibrator)而得到PPM信號 $f_{PPM}(t)$。

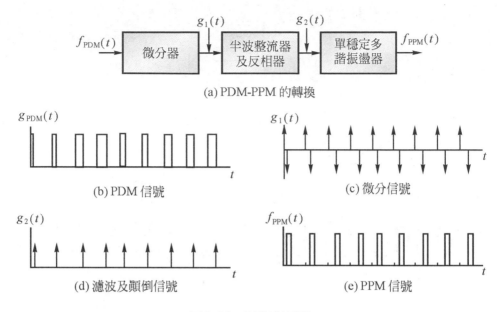

(a) PDM-PPM 的轉換

(b) PDM 信號

(c) 微分信號

(d) 濾波及顛倒信號

(e) PPM 信號

圖6.14　PPM 的產生

　　我們亦可得從數學觀點來看，對於未調變的載波脈波串$K(t)$仍以 (6.10)式表示。

$$K(t) = \frac{\tau}{T} + \frac{2\tau}{T} \sum_{n=-\infty}^{\infty} \sin C\left(\frac{n\tau}{T}\right) \cos(n\omega_c t)$$

若調變信號 $f(t) = \sin\omega_m t$，則每一脈波的中心對時間有一位移，其量為 $\Delta t \sin\omega_m t$ 或 $mT\sin\omega_m t$，其中 $m = \dfrac{\Delta t}{T}$，於是已調變脈波串 $f_{\text{PPM}}(t)$ 為

$$f_{\text{PPM}}(t) = \frac{\tau}{T} + m\omega_m\tau\cos\omega_m t + \frac{2\tau}{T} \sum_{n=1}^{\infty} \sin C$$

$$(1 + m\omega_m tT\cos\omega_m t)\cos n[\omega_c t + \phi(t)] \quad\text{......................(6.15)}$$

上式中的 $\phi(t)=m\omega_c T\sin\omega_t$。第一項是直流成份，第二項是隨著調變信號變化。除了振幅的因素外，第三項代表一組在取樣頻率的諧波，它們是隨著 $\phi(t)$ 做相位調變。

圖 6.15 為 PPM 產生器的實用電路途，我們可詳細地觀察到各級波形的變化。

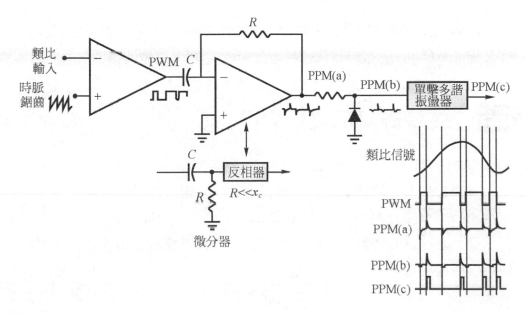

圖 6.15　PPM 產生器

PPM的解調可用一低通濾波器轉換成PDM，接著PDM信號可由前面所討論的方法來解調。另外我們亦可用圖 6.16 的PPM解調器來解調，圖中有一 RS 正反器，設置端(set)輸入的時脈信號可使 RS 正反器的輸出為高電位，下一個在重置端(reset)的 PPM 脈波使 RS 正反器輸出為零電位，因此可得一平均電壓與時脈信號及 PPM 脈波之時差成比例，這輸出電壓再經由一積分器就可得到原有的類比信號。

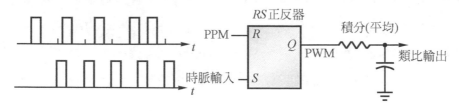

圖 6.16　PPM 解調器

　　PPM 比 PDM 常用，由於它需要較少的功率。功率是對應於脈波寬度，而 PPM 的脈波寬度在傳輸頻道許可的範圍內可做的很窄。

6.5　脈波編碼調變(PCM)

　　PAM、PDM 及 PPM 等信號很容易受雜訊的傷害，這些脈波的振幅及其邊緣發生的時間都會受雜訊的影響。脈波編碼調變的特性可免除這些雜訊的侵襲。它是使用量化(quantization)及編碼的方法來完成。

　　量化意味著在傳輸信號時只傳送真實信號取樣的分離值而不是連續值，取樣及量化的過程說明於圖 6.17。圖 6.17(a)的信號被取樣後成為 pam 脈波，再經由圖 6.17(B)予以量化，就可得到對應的準位值，當然量化的過程會產生誤差，我們稱它為量化誤差(quantization error)，誤差量的大小將在本章後面討論。

　　量化誤差是取樣值與信號在脈波前緣振幅兩者之差。所以這量化結果之脈衝串不受低振幅雜訊的干擾，也就是說雜訊的振幅小於鄰接兩準位之間隔時，這雜訊在檢波時可被切掉。但若雜訊大到加在 PAM 脈波上時可增加或減少脈波的高度，到促使檢波器檢出不正確之準位，我們以圖 6.18 來說明。圖 6.18(a)在傳輸的過程中雜訊被加到 PAM 脈波上，圖 8.18(b)中受擾亂的脈波被接收且被轉換成傳輸之脈波示於圖 6.18(c)，但是若雜訊的振幅大到可與兩個相鄰準位之間隔相比較時,則在檢波器內就永遠不能得到正確的脈波準位了。在這種情形時,或許有人會見意將相鄰準位的間隔加大,但這將增加量化的誤差,並且減低了系統的準確度。

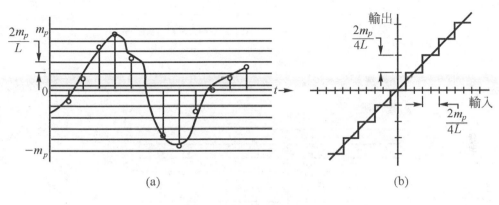

(a)   (b)

圖 6.17　取樣及量化

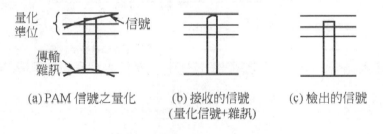

(a) PAM 信號之量化　　(b) 接收的信號　　(c) 檢出的信號
　　　　　　　　　　　（量化信號+雜訊）

圖 6.18　量化 PAM 對低位準之免疫

　　解決這問題的方法是不用信號脈波之振幅大小來表示取樣的量化值,而用一序列的二進位脈波取代。這二進位脈波中大振幅脈波表 1,空白表 0,由 0 及 1 來表示二進位,這種構想說明於圖 6.19。圖 6.19(a)是 PCM 調變器的基本方塊圖,輸入類比信號 $m(t)$ 經由取樣器、量化器及編碼器產生 PCM 信號。圖 6.19(b)是取樣值的量化過程,對每一取樣時間的振幅都有一編碼與它對應，在第一個取樣時間T_s的取樣值所對應的量化值是 7，然後經過編碼成為二進位 111。而在第四個取樣時間(4T_s)的取樣值對應的量化值是2，經由編碼產生二進位010。圖6.19(c)就是編碼過的二進位PCM信號。

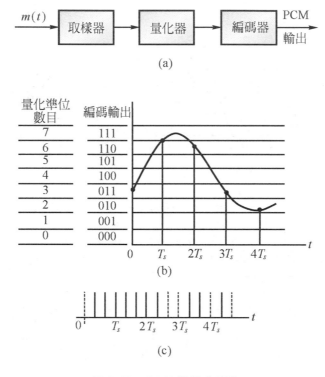

圖6.19　PCM信號的產生

　　假設在檢波時我們知道每一個二進位數的起點和終點，也就是說同步化(synchronization)，則可很容易的轉換成原始信號。這種使用編碼來傳送PAM信號的量化過程就是PCM。這種形式的脈波調變很適合在有高振幅的雜訊區域內傳輸信號，因為檢波時在某一時間間隔內很容易地可分辨出脈波到底是否存在。

　　將 PAM 信號改進為 PCM 信號所付出的代價為頻寬。在 PCM 終已不是決定脈波振幅的大小，而是判斷每個脈波應為 0 或 1。想得到頻寬的理想估計，我們來考慮下述這些論證。

　　n 個二進位可構成 2^n 個不同準位(level)，因此決定 PCM 的頻寬時，我們首先要決定需要多少準位，然後選擇最小的 n 值，其 2^n 大於最大準位。因為由取樣理論得知每秒最低的取樣數為 $2f_m$，f_m 為調變信號的最高頻率，所以每秒需要的脈波數為 $2nf_m$。假設這些脈波為 δ 函數且將它們送經一理想低通頻道，這頻道有如圖 6.20(a)、6.20(b) 之特性。

　　現在我們希望決定多快的脈衝可送經這頻道，而不引起相互干擾，若是脈波的重覆頻率為 $2B$ 且頻道時間延遲為 t_o，於是脈衝輸入 t_o 秒後頻道的輸出振幅才與脈衝有關如圖 6.20(c) 所示。此時由其他脈衝所引起之影響為 0，如此脈衝之間就沒有干擾存在。至此我們得到一結論，要想不受干擾所需之二進位數 n 為

$$\frac{1}{2B} = \frac{1}{2nf_m}$$

或　　$$B = nf_m$$

因此可知傳輸 PCM 所需的頻寬為傳輸原始調變信號的 n 倍。

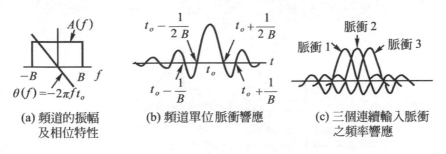

(a) 頻道的振幅　　(b) 頻道單位脈衝響應　　(c) 三個連續輸入脈衝
　　及相位特性　　　　　　　　　　　　　　　　之頻率響應

圖 6.20　理想的 PCM 傳輸

例 **6.2**　一個週期為 71.4 μs 的長方形數位信息信號被發射出去，已知其第 4 諧波頻寬可以通過，計算(a)信號頻率，(b)第 4 諧波，(c)最小取樣率

解　(a) $f = \dfrac{1}{T} = \dfrac{1}{71.4 \times 10^{-6}} = 14\text{kHz}$

(b) $f_{4\text{th}} = 4 \times 14\ \text{kHz} = 56\ \text{kHz}$

(c)最小取樣率 $= 2 \times 56\ \text{kHz} = 112\ \text{kHz}$

圖 6.21 顯示一個 PCM 發射系統的方塊圖，主要元件都被表示出來，原先的輸入信號是類比聲音信號。聲音信號被加在類比到數位轉換器 (analog to digital cobverter；A/D converter)，每次取樣時，產生 8 位

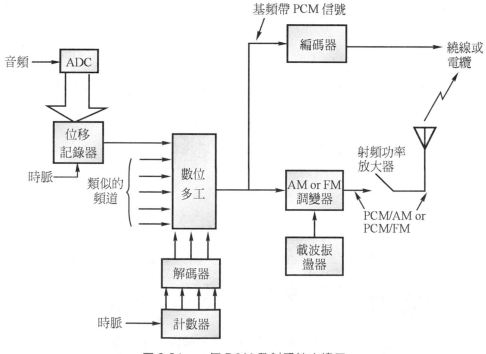

圖 6.21　一個 PCM 發射系統方塊圖

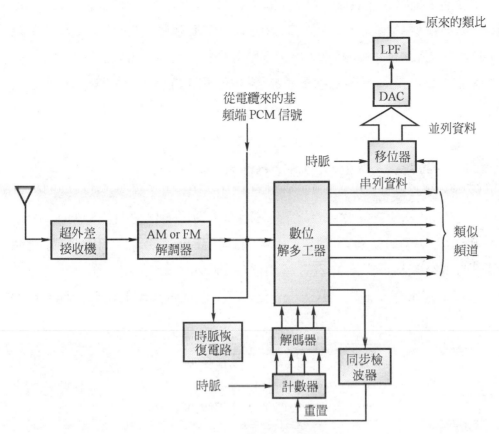

圖 6.22　一個 PCM 接收電路

元並列二進位字(word)。既然數位數據必須以串接式被發射，A/D轉換
器輸出被饋送到移位器(shift register)，將並接輸入轉成串接數據輸出。
在電話系統中，一個codec負責A/D並接到串接之轉換，時脈振盪器電
路驅動移位器工作在欲要的位元率。這基頻數位信號經由編碼後，直接
由同軸電纜或光纖傳輸。另外一種方式是 PCM 二進位信號用來調變一
個載波。若是 AM 被用到，輸出就是PCM/AM，若FM被用到，則輸出
就是PCM/FM，調變氣的輸出經由功率放大及天線後做無線通訊。若要
同時傳送數個語音信號，則可加入一個數位多工器(Multiplexer)。

在通訊鏈路的接收端，接收到的PCM信號經由解多工(demultiplexed)後轉換成為原始信號，如圖6.22所示。PCM 基頻信號可能來自於電纜或射頻信號經由超外差接收及AM/FM解調後，輸入到數位解多工器上，二進位計數器及解碼器驅動解多工器，它與時鐘復原及同步脈檢波電路是同時作用的。

<h2>6.6　數據轉換(data conversion)</h2>

將類比信號轉換成為數位信號之過程，稱為類比到數位轉換(analog-to-digital conversion)，信號數位化或編碼(encoding)。用來執行這個轉換的電路被稱為類比到數位轉換器(A/D vonverter 或 ADC)，現在流行的ADC通常在一個單晶IC中，可以產生一並列(parallel)或串列(serial)二進位輸出，如圖6.23所示。

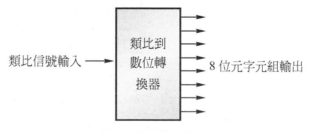

圖 6.23　A/D 轉換器

與上面所述相反的過程被稱為數位到類比轉換，用來執行這個轉換的電路被稱為數位到類比轉換器(digital-to-analog converter；或DAC)或稱解碼器(decode)。輸入到DAC上的信號通常是一並列二進位信號，其輸出正比於類比位號位準。DAC 通常亦是單晶 IC，如圖6.24所示。

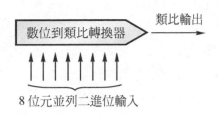

圖 6.24　D/A 轉換器

6.6-1　D/A 轉換器

一個 D/A 轉換器包含 4 個主要部份，如圖 6.25 所示，分述如下：

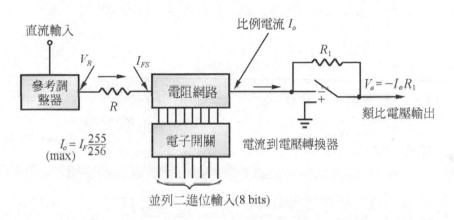

圖 6.25　D/A 轉換器的主要部份

1. **參考調整器(reference regulator)**

　　以一個稽納二極體(zener diode)當作精準參考電壓，輸入端接收到直流電源電壓後，轉換為高精確度參考電壓，這電壓通過一個電阻，使電阻網路的輸入端有最大的輸入電流，可設定電路的精準性。這電流稱為全額電流(full-Scall current)I_{FS}

$$I_{FS} = \frac{V_R}{R_R}$$

其中

$V_R =$ 參考電壓

$R_R =$ 參考電阻

2. 電阻網路(resistor networks)

精準電阻網路以特殊架構連結，前級的參考電壓加到電阻網路後，參考電壓被轉換電流，正比於二進位輸入值及全額參考電流，其最大值由下式計算：

$$I_{out} = \frac{I_{FS}(2^N - 1)}{2^N}$$

對一個 8 位元 D/A 轉換器，$N = 8$。

有些現代 D/A 轉換器使用電容器網路取代電阻網路，執行二進位資料到比例電流(proportional current)的轉換。

3. 輸出放大器

比例電流經由一個運算放大器轉換成為比例電壓，電阻網路的輸出被連接到運算放大器的相加點，運算放大器的輸出電壓等於電阻網路的輸出電流乘上回授電阻值，若適當的回授電阻被選定後，輸出電壓可以定位在任何期望值，運算放大器可轉換信號的極性：

$$V_{out} = -I_o R_f$$

4. 電子開關(electronic switches)

電阻網路可由一組電子開關修正為電流或電壓開關，通常以二極體或電晶體完成。這些開關由計數器、移位器或微電腦輸出埋的並列二進位輸入位元所控制,開關的打開或關閉構成電阻網路。

圖 6.24 中的所有組件通常整合在一個單晶 IC 上,只有放大器例外,被視為一個外接電路。

D/A 轉換器電路的實現有多種,最常使用的電路架構如圖 6.26 所示,圖中只有 4 位元被顯示,為了簡化繪圖,電阻網路最值得重視,它只用兩種電阻值,就是 $R-2R$ 梯形網路。

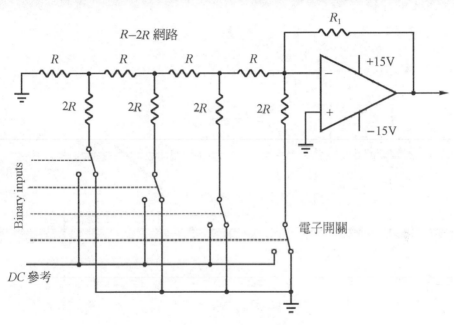

圖 6.26 D/A 轉換器的 $R-2R$ 梯形電阻網路

6.6-2 A/D 轉換器

A/D 轉換器是做取樣的工作,通常以取樣及保持(sample and hold;S/H)電路來完成。取樣及保持電路在類比電壓的指定區間做精準的量測,然後 A/D 轉換器能將瞬間電壓值轉換成為二進位信號。

S/H 電路

一個 S/H 電路又稱為追蹤／儲存(track/store)電路,在取樣時,接受類比輸入信號,未改變讓它通過,在持住時,放大器記住瞬間取樣時的特定電壓位準。S/H放大器的輸出是一個固定直流位準,其振幅就是取樣時的電壓值。圖 6.27 是一個簡化的S/H放大器,主要的元件是高增益直流差動運算放大器,放大器連接成 100 % 回授的隨耦器(follower)。任何信號加到非反相端(+)輸入,將不會受到任何影響而通過,放大器的增益為 1 且無反相。

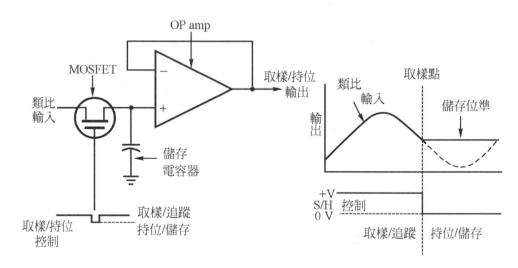

圖 6.27　一個 S/H 放大器

一個儲存電容器跨接在放大器的高輸入阻抗端,輸入信號是經由MOSFET閘加在儲存電容器及放大器輸入端。一個加強型(enhancement-mode)MOSFET 在正常使用下,像一個 ON-OFF 開關。

只要控制信號輸入到 MOSFET 的閘上是高位準時,輸入信號將連接到運算放大器的輸入端及電容器上。當閘是高位準時,電晶體導通,作用像一個非常低值的電阻器,輸入信號被連接到放大器上,電容器接著被充電,這就是放大器的取樣或追蹤模式,運算放大器的輸出等於輸入信號。

　　當S/H控制信號在低電位時,電晶體關閉,但電容器的電荷未變。放大氣的非常高輸入阻抗允許電容器上的電荷維持相當長的時間,然後S/H放大器的輸出是輸入信號瞬時取樣的電壓值。這亦就是,S/H控制脈波開關由高(取樣)到低(持住)。

　　A/D轉換器有多種不同的電路方式,目前本書僅舉出一種最常用的,這就是計數式A/D轉換器。

　　圖6.28是計數式A/D轉換器的方塊圖,包含有一個二進位計數器,一個D/A轉換器及一個類比電壓比較器。為了簡化,僅顯示4位元計數器及D/A轉換器。比較器是一個非常高增益的差動運算放大器,用來作開關。類比信號加到比較器的輸入端後被轉換,比較器的輸入來自於S/H放大器的輸出。

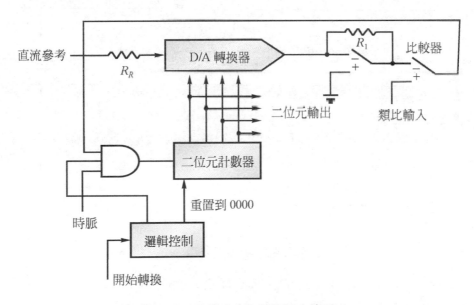

圖6.28　計數式A/D轉換器方塊圖

CH **6**

　　比較器的另外一個輸入來自於D/A轉換器，若D/A轉換器的電壓輸出小於類比輸入電壓，比較器的輸出將是二進位 1，這二進位 1 控制著及閘(AND gate)，接著控制時脈到二進位計數器。若 D/A 轉換器的輸出是等於或大於類比輸入電壓，比較器的輸出將是二進位 0。

　　當一個開始轉換脈波加到控制邏輯閘上，轉換過程開始。於是計數器設置到零(0000)，從D/A轉換器產生零輸出電壓。當類比輸入電壓大於 D/A 轉換器輸出電壓，以致比較器的輸出為二進位 1，這使及閘起動，計數器隨著時鐘脈波增值，此時D/A轉換器的輸出開始一步一步的增加，如圖6.29所示。

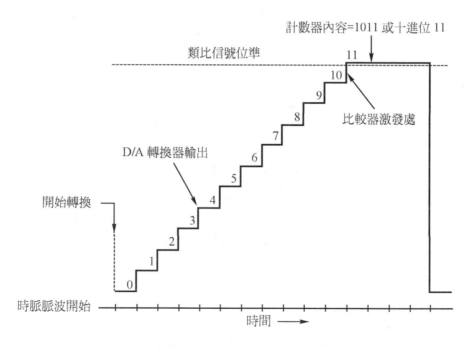

圖 6.29　計數式 A/D 轉換器的 D/A 轉換器的輸出

　　圖6.28顯示4位元二進位計數器及D/A轉換器產生16步階的增值。當D/A轉換器輸出電壓一直增加到大於類比輸入電壓值時，比較器快速

關掉，產生一個二進位 0 輸出及禁止及閘工作，不再有時脈信號到達計數器，此時在計數器中的二進位數值是正比於類比輸入信號，於是計數器輸出是 A/D 轉換器的輸出。

假設參考電壓是 5 V，解析度是 5/15 = 0.3333 V，最小步階是 0.3333 V，及誤差值不可超過±0.16667 V。再假設 D/A 轉換器上的參考電阻R_R = 5 kΩ，則參考電流$I_{FS} = \dfrac{V_R}{R_R} = \dfrac{5}{5000} = 0.001 = 1$ mA。

最大輸出電流$I_o = \dfrac{I_{FS}(2^N-1)}{2^N} = 1(15/16) = 0.9375$ mA，這電流流入到運算放大器的相加點。若回授電阻是 5 kΩ，最大輸出電壓$V_o = I_o R_f = 0.9375 \times 10^{-3}(5000) = 4.6375$ V，於是每一增值的最小輸出電壓為

$$I_o = \frac{I_{FS}}{(2^N-1)} = 1\left(\frac{1}{15}\right) = 0.667 \text{ mA}$$

$$V_o = I_o R_f = 0.667 \times 10^{-3}(5000) = 0.3333 \text{ V}$$

現若輸入到 A/D 轉換器的電壓是 3.5 V，D/A 轉換器將產生步階 0.3333 V 增值直到 3.5 V，這將是$\dfrac{3.5}{0.3333} = 10.5$ 或 11 步階，此時計數器的數目是 11。

運算放大氣的輸出電壓為

$$I_o = I_{FS} = 1\left(\frac{11}{15}\right) = 0.7333 \text{ mA}$$

$$V_o = I_o R_f = 0.7333 \times 10^{-3}(5000) = 3.6667 \text{ V}$$

例 6.3 A/D 轉換器的電壓範圍以 14 位元數字表示是 −6 V 到 + 6 V，找出(a)離散位準的數目；(b)用來除總電壓範圍電壓增值的數目，(c)數位化的解析度

解　(a)$2^N = 2^{14} = 16,384$

(b)$2^N - 1 = 2^{14} - 1 = 16,383$

(c)解析度 $= \dfrac{6-(-6)}{16,383} = 0.7325 \text{ mV} = 732.5 \ \mu\text{V}$

6.7　分時多工制(Time Division Multiplexing ; TDM)

　　分時多工制是每一信號佔據頻道的整個頻寬，但每一信號只能在很短的時段中發射，換句話說，多工信號輪流在單一頻道中傳送，如圖 6.30 所示。圖中 4 個信號在固定的時段中於單一頻道中傳送，一個接一個，4 個信號都被傳送後，週期重覆著。

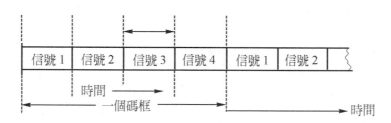

圖 6.30　TDM 基本觀念

　　分時多工制能用在數位及類比信號，至於其系統圖則以圖 6.31 顯示。

　　多個不同的基頻帶信號經由多工器的取樣後，可經由電纜直接傳送，或用來調變波載波，所造成的基頻帶信號說明於圖 6.31(b)。因為一個特定的信號僅在定期來到的時間內才用到頻道，所以 TDM 是一個連貫的過程，與 FDM 不同，FDM 為一並行的過程。

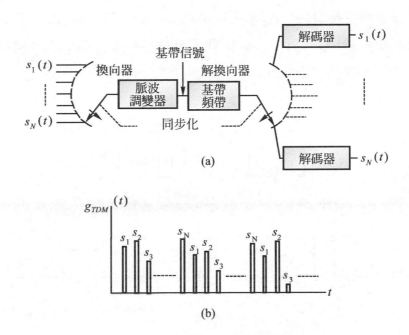

圖 6.31　TDM 系統及基頻帶信號

　　圖 6.31(a)中的換向器(commutator)是由一電子開關來完成，但還是有一些老式系統用的還是旋轉的機械開關。脈波調變的方法可用以前討論過的任何一種，若用 PAM 的話，則脈波調變器可被省略。因為換向器本身就有PAM的作用。在接收機上，一個解換向器(decommutator)和換向器同步將所接收到的脈波去多工且將它們送至脈波解調器，在大部份的情況下都用低通濾波器當解調器。

　　起始，很可能認為由於脈波串中所包含的高頻成份將使傳送 TDM 所需的基帶頻寬相當高，其實不然，我們可證明 PAM 所要求的基帶頻寬為Nf_m，f_m 為每一多工信號中所含有的最高頻率，我們看圖 6.32(a)的連續波形$v(t)$，它由每秒$2Nf_m$ 個取樣值組成基帶，由取樣理論，可知$v(t)$的頻寬需等於或小於Nf_m。若假設$v(t)$有如圖 6.32(b)之理想頻譜，則取樣頻譜將如圖6.32(c)所示，因為$v(t)$包含所有脈波振幅的資料，所有在接收機所要的資料均包含在低於Nf_m的頻譜內,因此傳送PAM時間分割所需的頻寬僅爲Nf_m。對 PCM 而言,因爲每一多工信號包含最高頻率nf_m,所需之頻寬則爲nNf_m。

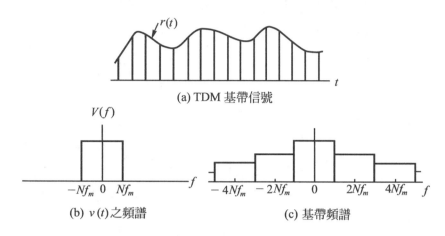

(a) TDM 基帶信號

(b) $v(t)$ 之頻譜

(c) 基帶頻譜

圖 6.32　TDM 信號之頻寬。

　　TDM 的主要問題是,解換向器如何與換向器取得同步,很明顯的沒有正確的同步,這系統是毫無用處的。一個保持同步的共同方法爲在每一頻道上輸入一個相當的直流電壓,由這可得到高的參考脈波,由這些脈波來控制去換向器與換向器的同步。

　　TDM 的硬體構造比 FDM 簡單的多,最基本的理由是 TDM 是串聯操作,它僅要一調變即可。在接收端整個系統僅要一個去轉向器即可取出脈波,而FDM則不然,它需要一大堆的通帶濾波器,大部分情況下,解調器爲低通濾波器。在 FDM 中,副載波調變是用抑止載波的形式,其調變或解調所需的載波最好是由信號源得到,所以在基帶內需加上指引信號(pilot signal),即使指引信號加入的方法就如在 TDM 信號中加上同步脈波一樣,但是欲完成此事還是相當困難,所以在較高品質的基頻帶中寧願用TDM而不用FDM,因爲由非線性所引起的諧振失眞會引起相互調變失眞。

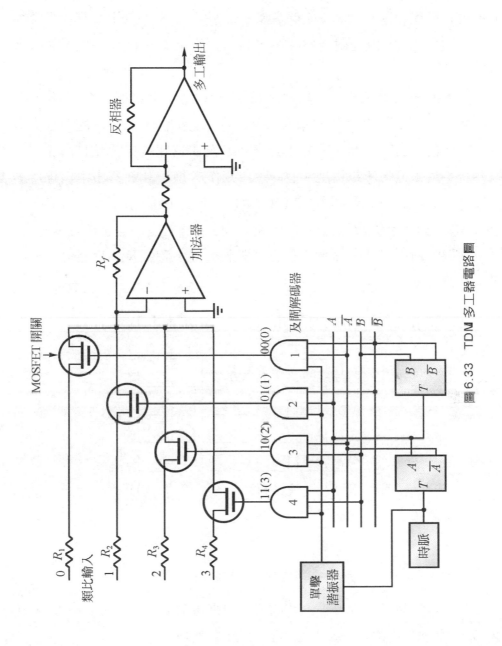

圖 6.33 TDM 多工器電路圖

在 TDM 中由於每一頻道信號被指定在一些分離的循序到來的時間上，也就是說在基帶上任一時間僅有一信號存在，所以相互調變失真對 TDM 不成問題，但是對這兩種多工制，頻道上的振幅或相位需保持合理的線性。

目前的多工器電路通常均整合在單一 IC 晶片上，如圖 6.33 所示。

MOSFET 多工器有效的輸入端有 4 個、8 個及 16 個可以處理很大數目的類比輸入信號。圖 6.33 中的計數器及解碼器組成了數位控制脈波，因為有 4 個頻道，所以需要 4 個計數器工作，每一計數器由兩個正反器 (flip-flop) 組成，代表 4 個狀態 (00，01，10 及 11)，亦就是十位數 0，1，2，3，因此 4 個頻道標示為 0，1，2 及 3。

一個時鐘振盪電路激發兩個正反器計數器，時脈及正反器之波形如圖 6.34 所示。

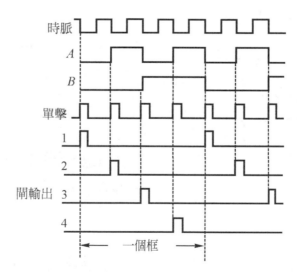

圖 6.34　多工器時脈及正反器波形

正反器的輸出加到解碼器及閘上，用來辨識 4 個二進位 00，01，10 及 11，每一解碼器閘的輸出送到多工器的 FET 閘。

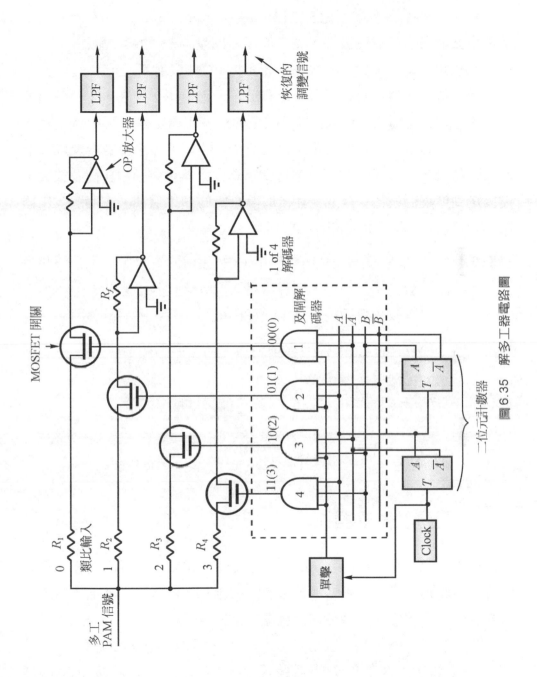

圖 6.35 解多工器電路圖

　　圖 6.33 中的單擊多穩態諧振器(one-shot multivibrator)在時鐘頻率下用來激發所有解碼器及閘，產生取樣區間是 1 ms 的輸出脈波。

　　參考圖 6.21，就是一個使用多工器的 PCM 發射系統。

　　至於解多工器則是多工器的逆向操作，它是單一輸入，多個輸出，每一輸出相對應原來的輸入信號，典型的解多工器電路如圖 6.35 所示。

　　一個 4 頻帶解多工器有單一輸入埠及 4 個輸出埠，計數器及解碼器用來驅動 FET，每個 PAM 信號輸送到運算放大器中，經由緩衝及放大，然後送到低通濾波器，經過處理後取得原始的類比信號，一個解多工器用在 PCM 接收系統中，如圖 6.22 所示。

| 例 6.4 | 一個特別的 PCM 系統使用 16 個頻道的資料，其中一個頻道用做識別及同步，取樣率是 3.5 kHz，字長是 5 位元，找出(a)有效資料頻道數目，(b)每框位元數目，(c)串接資料率 |

解　(a)16(總頻道數)−1(識別頻道)＝15(資料頻道)

　　　　(b)每框位元＝6×16＝96

　　　　(c)串接資料率＝取樣率×位元數／每框

　　　　　　　　　　＝3.5 kHz×96

　　　　　　　　　　＝336 kHz

6.8　匹配濾波器

　　在 PAM 及 PCM 系統中，我們對於在外加雜訊中取得最大峰值脈波信號很感興趣。我們假設外加雜訊是白色雜訊及信號加上外加雜訊所通過的濾波器是線性，非時變的濾波器。

　　令濾波器的輸入端信號是 $[f(t)+n(t)]$，這裡 $f(t)$ 是信號及 $n(t)$ 是外加白色雜訊。濾波器的輸出信號是 $[f_o(t)+n_o(t)]$。我們希望使比值

$\dfrac{f_o(t_m)}{\sqrt{\overline{n_o^2(t)}}}$ 為最大值，這裡 $t = t_m$ 是最好的觀察時間。但習慣上使用振幅的平

方較為方便，因此我們尋找最大的比值

$$\dfrac{|f_o(t_m)|^2}{\overline{n_o^2(t)}} \quad\dotfill(6.17)$$

令 $f(t)$ 的傅利葉轉換是 $F(\omega)$ 及令 $H(\omega)$ 是欲得最佳濾波器的轉移函

數，於是我們能寫成

$$f_o(t) = \mathcal{F}^{-1}\{F(\omega)H(\omega)\}$$

$$= \dfrac{1}{2\pi}\int_{-\infty}^{\infty} H(\omega)F(\omega)e^{j\omega t}d\omega$$

$$f_o(t_m) = \dfrac{1}{2\pi}\int_{-\infty}^{\infty} H(\omega)F(\omega)e^{j\omega t_m}d\omega \dotfill(6.18)$$

雜訊的功率譜密度是 $S_n(\omega)$ 為

$$S_n(\omega) = \dfrac{N}{2}$$

以致雜訊均方值 $\overline{n_o^2(t)}$ 為

$$\overline{n_o^2(t)} = \dfrac{1}{2\pi}\int_{-\infty}^{\infty}\dfrac{N}{2}|H(\omega)|^2 d\omega \dotfill(6.19)$$

將 (6.18) 及 (6.19) 式代入 (6.17) 式，我們可得

$$\dfrac{|f_o(t_m)|^2}{\overline{n_o^2(t)}} = \dfrac{\left|\int_{-\infty}^{\infty} H(\omega)F(\omega)e^{j\omega t_m}d\omega\right|^2}{\pi N \int_{-\infty}^{\infty}|H(\omega)|^2 d\omega} \dotfill(6.20)$$

在這裡我們要用到史瓦茲 (Schwarz) 不等式，即

$$\left| \int_{-\infty}^{\infty} f_1(x)f_2(x)dx \right|^2 \le \int_{-\infty}^{\infty} |f_1(x)|^2 dx \int_{-\infty}^{\infty} |f_2(x)|^2 dx \ldots\ldots\ldots(6.21)$$

要上式相等，需滿足下列條件

$$f_1(x) = K f_2^*(x) \ldots\ldots\ldots\ldots\ldots\ldots\ldots\ldots\ldots\ldots\ldots\ldots\ldots(6.22)$$

K 爲一任意常數。

現在我們令(6.21)式的兩函數是 $H(\omega)$ 及 $F(\omega)e^{j\omega t_m}$，以致(6.21)式成爲

$$\left| \int_{-\infty}^{\infty} H(\omega)F(\omega)e^{j\omega t_m}d\omega \right|^2 \le \int_{-\infty}^{\infty} |H(\omega)|^2 d\omega \int_{-\infty}^{\infty} |F(\omega)|^2 d\omega$$

代入這結果至(6.20)式得

$$\frac{|f_o(t_m)|^2}{n_o^2(t)} \le \frac{1}{\pi N} \int_{-\infty}^{\infty} |F(\omega)|^2 d\omega$$

或

$$\left. \frac{|f_o(t_m)|^2}{n_o^2(t)} \right|_{\max} = \frac{1}{\pi N} \int_{-\infty}^{\infty} |F(\omega)|^2 d\omega = \frac{E}{\dfrac{N}{2}} \ldots\ldots\ldots\ldots\ldots\ldots(6.23)$$

這裡 E 是 $f(t)$ 的能量，當負載是 1 歐姆時。從(6.22)式知，要方程式相等必須爲

$$H(\omega) = K F^*(\omega)e^{-j\omega t_m}$$

或

$$h(t) = \mathcal{F}\{K F^*(\omega)e^{-j\omega t_m}\}$$

$$= K f^*(t_m - t) \ldots\ldots\ldots\ldots\ldots\ldots\ldots\ldots\ldots\ldots\ldots\ldots(6.24)$$

常數 K 是任意值，爲了方便我們假定 $K = 1$。

從(6.24)式的結果，我們可做一結論：最佳系統的脈衝響應是欲要信息信號 $f(t)$ 的鏡子影像，但被延遲一時距 t_m。於是這濾波器是與特殊信號相匹配，因此被稱爲**匹配濾波器**(matched filter)。

現在我們以圖 6.36 來說明。設信號 $f(t)$ 有一定的區域 (O,T)。匹配濾波器的脈衝響應 $f(t_m-t)$ 能從將 $f(t)$ 以垂直軸為準折褶及向右移動 t_m 秒而獲得。當 $t_m<T$，$t_m=T$ 及 $t_m>T$ 等圖形，分別以圖 6.36 中的(c)、(d)、(e)表示。

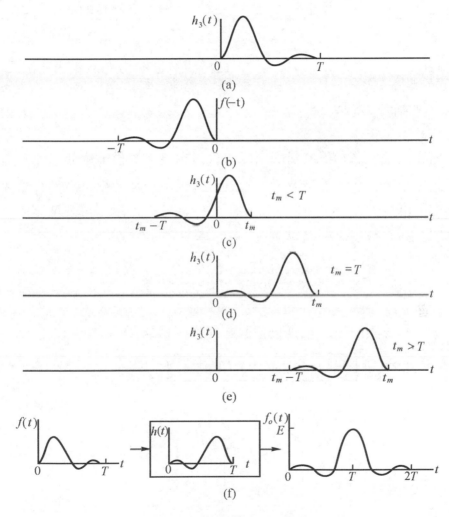

圖 6.36　匹配濾波器的響應

當$t = t_m$時，將(6.24)式代入(6.18)式，可得到匹配濾波器的信號輸出，即

$$f_o(t_m) = \frac{1}{2\pi} \int_{-\infty}^{\infty} |F(\omega)|^2 d\omega = E \quad \text{...(6.25)}$$

於是匹配濾波器在$t = t_m$時的輸出是與輸入信號的波形無關的，只與信號的能量有關。

將(6.25)式代入(6.23)式，可得匹配濾波器的均方值雜訊輸出為

$$\overline{n_o^2(t)} = E\frac{N}{2} \quad \text{...(6.26)}$$

匹配濾波器必須修飾信號的波形以得到最大的信號對雜訊比。有一種方式可用來實現匹配濾波器，就是信號經由一延遲線，然後在各不同點分支，再被乘以一組固定增益，此系統如圖6.37所示，若延遲線在延遲時間$K\Delta\tau$有分支點，其響應$g(t)$可寫為

$$g(t) = \sum_{K=0}^{N} f(t - K\Delta\tau)h(K\Delta\tau)\Delta\tau$$

這裡每一分支點的輸出被乘以預置的加權(weight)$h(K\Delta\tau)\Delta\tau$。

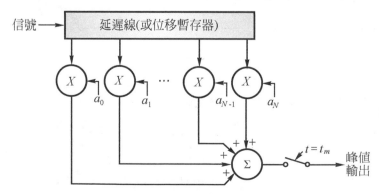

圖6.37 匹配濾波器以延遲線實現

對於實數的匹配濾波器而言，我們可將(6.24)式寫為

$$h(t) = f(t_m - t)$$

以致圖6.37的分支增益(tap gain)被給予

$$a_k = f(t_m - K\Delta\tau)\Delta\tau$$

於是一旦信號 $f(t)$ 及時間 t_m 被知道，分支增益能被設定，就可得到近似的匹配濾波器特性。

匹配濾波器另一種表達敘述如下：令匹配濾波器的輸入是 $y(t) = f(t) + n(t)$ 及對應的輸出 $g(t)$ 為

$$\begin{aligned}
g(t) &= y(t) * f^*(t_m - t) \\
&= f^*(t_m - t) * y(t) \\
&= \int_{-\infty}^{\infty} f^*(t_m - \xi) y(t - \xi) d\xi
\end{aligned}$$

我們令 $b = t_m - \xi$，以致上式變成

$$\begin{aligned}
g(t) &= \int_{-\infty}^{\infty} f^*(b) y(b + t - t_m) db \\
&= \gamma_{fy}(t - t_m) \quad\text{.................................(6.27)}
\end{aligned}$$

此處

$$\gamma_{fy}(\tau) = \int_{-\infty}^{\infty} f^*(b) y(b + \tau) db$$

是能量信號的時間交相關函數。注意，$y(t) = f(t) + n(t)$，我們求出

$$g(t) = \gamma_f(t - - t_m) + \gamma_{fn}(t - t_m)$$

這裡

$$\gamma_f(\tau) = \int_{-\infty}^{\infty} f^*(b) f(b + \tau) db$$

是能量信號的自相關係數。若$f(t)$及$n(t)$間知交相關函數是零,則峰值輸出$g(t_m)$被給予$\gamma_f(0)$。

圖6.38是時間交相關器(time-crosscorrelator)的方塊圖。輸入信號$y(t)$被乘以$f(t)$,這信號$f(t)$需預先知道,被存在記憶體中或從另外來源提供。乘法器的輸出被積分形成(6.27)式的$\gamma_{fy}(\tau)$。要完成這操作,開關需在$t=t_m$時間上,產生輸出$\gamma_{fy}(0)$。值得注意的是,匹配濾波器檢波是同步檢波。

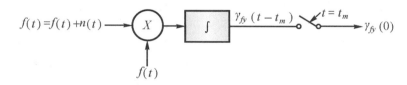

圖6.38　時間交相關器

習　題

1. 信號$v(t) = \cos 5\pi t + 0.5\cos 10\pi t$被取樣,取樣時間為$T_s$。

2. 求出允許最大的T_s值。

3. 若取樣信號是

$$S(t) = 5 \sum_{K=-\infty}^{\infty} \delta(t-0.1K)$$

被取樣信號$v_s(t) = v(t)S(t)$包含一連串脈衝,每一脈衝有不同的振幅

$$v_s(t) = \sum_{n=-\infty}^{\infty} I_K \delta(t-0.1K)$$

求出I_0,I_1及I_2及顯示$I_K = I_{4+K}$

4. 經由一長方形低通濾波器產生再生信號$v_s(t)$，求出濾波器最小的頻寬，而不致使再生信號有失真。

5. 用電容器劃一電路能將PWM轉換爲PAM。
   電容器上的電荷應與在PWM脈波下之面積成比例，PAM信號是如何解調。

6. 列一表舉出PAM，PWM，PPM，及PCM的優點及缺點。

7. 一信號頻寬被設定在1 kHz，其振幅範圍是−1到＋1 V，用PWM方式發送出去，其解析度爲±0.5 mV。最小脈波寬度及護衛時間均爲0.1 μsec，當輸入$S/N = 2.0$ dB，估計其頻寬需求爲多少？

8. 匹配濾波器的輸入脈波$f(t)$爲

$$f(t) = \begin{cases} e^{-t} & 0 < t < T \\ 0 & \text{其他} \end{cases}$$

   求出匹配濾波器的輸出。

9. 我們想用512個量化準位以取代64個量化準位。若這兩系統所受的雜訊影響相同，頻道的頻寬必須增加多少。

10. 三個信號m_1、m_2、m_3的頻寬是5 kHz，10 kHz及20 kHz，均被量化爲256準位，每一信號均支持10分鐘。若每一信號以尼奎士速率取樣

    ⑴ 每一信號的取樣爲多少？

    ⑵ 若每一信號以每秒8位元編碼成PCM，試求每一信號產生的位元(bits)爲多少？

Communication Electronics

Chapter **7**

數位調變

　　廣義而言，通訊系統的目的是將資訊(information)從空間及時間某一點傳輸至另一點。在前面幾章中，我們已描述過數種使用電的信號來完成這個目的的方法。但事實上我們並沒詳述資訊的意義，而只討論到相關的信息、頻寬等內容。這章中我們將對資訊是什麼，如何量測它及它與頻寬、信號雜訊比的關係等加以討論。

　　傳輸信號的方式現已傾向於數位信號技術，部份理由是大量的資訊來源均是數位形式，諸如：數位計算機、股票市場行情的數字資料及自動過程中的控制信號等均宜用數位通信。其他的理由是數位傳輸對誤差率的容忍能力。因為大部份的數位技巧都是用再生重覆器(regenerative repater)及誤差校正碼來降低誤差率。

7.1 資訊之量測

何謂資訊？凡可促使一個人明白其自身以及環境之任何資料是為資訊。將資訊自某一物體(或某一地點)傳輸至另一物體(或目的地)之工作，稱為通訊。

資訊源(information source)為產生資訊之來源，其來源有人，也有機器(如電話機、錄放機、或電子計算機)。資訊源之資訊係藉信息(message)而發出，如文字、符號、影像、話音皆為信息之實例。因信息有時非常抽象、或不適於某種介質傳輸，則必須經過調變過程，變換或處理成適當之傳輸信號。

資訊源發出之各信息所能帶之資訊，因其發生係屬或然率性質，亦即事先無法預料而具有不測性(uncentaintly)。若一旦發生，不僅令人驚訝，且其不測性因而減除。在實際上，我們可將資訊源，當作一種信息之數學集合，並以各信息之或然率分佈特性描述其亂動性。例如就數位源而言，其信息可為文字，而信息之集合，即為此可能出現文字之集合，如可能之文字有M種，則此信息集合U可寫成

$$U = \{m_1, m_2, \cdots, m_M\}$$

而其機率(隨機性)則可以或然率集合P描述之

$$P = \{P_{m_1}, P_{m_2}, \cdots, P_{m_M}\}$$

其中m_i為文字(信息)，$P(m_i)$為文字m_i出現之或然率，$i = 1, 2, \cdots, M$。

因某文字出現之或然率愈小(即機會愈小)，其不測性(即神秘性)愈大；反之，其或然率愈大，則不測性愈小，是故文字(信息)之不測性應為其或然率之單調遞減函數(manotonic decreasing function)。

　　據此,假設其信息發生之或然率為$P(A)$,其發生時所帶給之資訊量以$I(A)$表示,則其必為$P(A)$之函數,即

$$I(A) = f[P(A)] \quad\quad\quad\quad\quad\quad\quad\quad\quad\quad (7.1)$$

且$f[P(A)]$必須符合下列之條件:

1. $P(A) = 1$時,$I(A) = 0$。也就是說,必定發生之信息,不可能帶給任何資訊(也就是無傳遞之必要)。

2. 在或然率本身,$0 \leq P(A) \leq 1$條件下,$I(A) \geq 0$。意即信息所帶給之資訊量為正值。

3. 設有兩信息A與B,若$P(A) < P(B)$,則$I(A) > I(B)$,意即$f[P(A)]$為或然率之單調遞減函數。

4. 設若A與B兩獨立信息,則$I(AB) = I(A) + I(B)$。意即互相獨立發生之兩信息一旦同時發生,則其所帶給之資訊量,等於其個別發生時所帶給之資訊量之和。

　　蓋恩欠(Khinchin)曾證明,預符合上述四種條件,則$f[P(A)]$必須為對數函數,寫成

$$I(A) = \lambda \log_b [1/P(A)] \quad\quad\quad\quad\quad\quad\quad\quad (7.2)$$

其中λ為任意正值常數,而b為對數之底數,通常取$\lambda = 1$,且$b = 2$,故上式寫成常用式為

$$I(A) = -\log_2 [P(A)] (位元) \quad\quad\quad\quad\quad\quad\quad (7.3)$$

上式表示,當信息A之發生與不發生之機會相等時,即$P(A) = \frac{1}{2}$時,$I(A) = 1$(位元)。可見1位元(bit)為資訊量之基本單位,其相當於機會均等之二進位數字(binary digit)出現時所帶給之資訊量。

在此種資訊之量度下，數位源$U = \{m_1, m_2, \cdots, m_M\}$中任一信息$m_i$發生時所帶給之資訊量可依上式寫成

$$I(m_i) = -\log_2 P(m_i) \dotfill (7.4)$$

如令$H(U)$表資訊源之每一信息出現時所帶給之資訊量之統計平均值(statistical mean)，則

$$H(U) = \sum_{i-1}^{M} P(m_i) I(m_i)$$

$$= -\sum_{i-1}^{M} P(m_i) \log_2 P(m_i)$$

$$= \sum_{i-1}^{M} P(m_i) \log_2 \frac{1}{P(m_i)} \quad (位元／信息) \dotfill (7.5)$$

$H(U)$值通常稱為資訊源之熵量(entropy)，其單位為位元／信息，如信息屬文字，則單位為位元／文字。茲舉一例釋其含義：若資訊源為一新聞播報員，假設其所識字彙只有一萬字，而每次之新聞稿字數均為一千字，則其共有$M = (10000)^{1000}$種可能之不同廣播。又設每種廣播出現之或然率均等，則由上式知

$$H(U) = 1000 \log_2(10000)$$

$$= 1.329 \times 10^4 (位元／廣播)$$

此表示每次新聞廣播相當帶給1.324×10^4位元之資訊。

例 7.1 四種符號A、B、C、D發生的或然率分別是$\frac{1}{2}$、$\frac{1}{4}$、$\frac{1}{6}$、$\frac{1}{8}$。若四種符號是統計上獨立的，計算三種符號信息$X = BDA$所帶給之資訊。

解 利用(7.4)式可得

$$I(X) = I(B) + I(D) + I(A)$$
$$= \log_2 4 + \log_2 8 + \log_2 2$$
$$= 2 + 3 + 1$$
$$= 6 (位元)$$

例 7.2 二進位碼的兩種符號發生的或然率是P及$q=(1-P)$，試求出及畫出熵量。

解 利用(7.5)是，我們可得

$$H(U) = \sum_{i=1}^{2} P(i) \log_2 \left(\frac{1}{P(i)} \right)$$
$$= P \log_2 \left(\frac{1}{P} \right) + (1-P) \log_2 \left[\frac{1}{(1-P)} \right]$$

$H(U)$與P的圖繪於圖 7.1，注意，最大的熵量是 1 位元／符號，發生在兩號機會均等時(亦即$P = q = \frac{1}{2}$)。

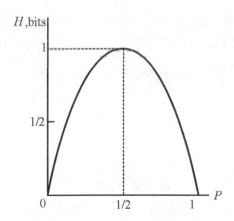

圖 7.1　二進位源的熵量

7.2　資訊之傳輸速率

假設數位源每 τ 秒發出一個信息，即發出信息之速率為 $\frac{1}{\tau}$ (信息／秒)，則消息源提供資訊之平均速率 R_s，亦稱為資訊傳輸速率(information transmission rate)，可寫成

$$R_s = \frac{H(U)}{\tau}(位元／秒) \dots\dots\dots\dots\dots(7.6)$$

現以一例釋其含義：若資訊源為電視放映機，假設影框(picture frame) 之規格為縱 500 點及橫 600 點，且每點之黑白亮度可有 10 準位，則因一影框可有 500×600 = 300000 點，故此種放映機一共可放映 $(10)^{300000}$ 種不同之影像。又假設每一影像出現之機會均等，則由(7.5)式可得

$$H(U) = 300000 \log_2 10$$
$$= 9.967 \times 10^5 (位元／影像)$$

意即每一不同影像之出現，相當帶給 9.967×10^5 位元之資訊。此時若影框每換一次之平均週期為 $\frac{1}{15}$ 秒，則由(7.6)式可求出該電視放映機之資訊傳輸速率為

$$R_s = 9.967 \times 10^5 \times 15$$
$$= 1.5 \times 10^7 (位元／秒)$$

資訊源編碼定理指出，假設對應每一數位源之輸出信息 m 均以一長度為 L 位元之二進位碼字代表輸出，則欲得到無錯誤之編碼，其最小之碼字長度為 $H(U)$ 位元，意即

$$L \geq H(U)(位元) \dots\dots\dots\dots\dots\dots\dots\dots\dots\dots\dots(7.7)$$

因含有M種不同之資訊源之熵量最大值發生在各信息出現之機會均等之情況,因此值為$\log_2 M$(位元),即一般

$$H(U) \leq \log_2 M \dots\dots\dots\dots\dots\dots\dots\dots\dots\dots\dots(7.8)$$

由(7.7)式可得

$$L \geq \log_2 M \dots\dots\dots\dots\dots\dots\dots\dots\dots\dots\dots\dots(7.9)$$

(7.9)式在實際通信系統設計中非常有用。例如英文電報中,$M = 32$,故每一文字平均至少均以5位元編碼,這是5鮑電碼(5 baud code)之由來。

若將(7.7)式兩端各除以每信息發出所佔之平均時間τ,則

$$R_b = \frac{L}{\tau} \geq R_s \dots\dots\dots\dots\dots\dots\dots\dots\dots\dots\dots(7.10)$$

式中R_b稱為數據信號速率。最經濟之資訊源編碼為$R_b = R_s$之情況。

對於類比信號源,令m為資訊源在某一時刻下之輸出信息,因m為連續性變數,且具有亂動性,故屬連續性亂動變數。若又令U為所有可能之亂動變數m之集合,則因m為連續性變數,其亂動性不能以或然率描寫,而必須以或然率密度函數取代之,寫成$P_U(m)$,利用(7.10)式及微積分理論,可導出類比信號源之熵量之估計方法如下式

$$H(U) = -\int_{-\infty}^{\infty} P_U(m) \log_b P_U(m) dm \dots\dots\dots\dots\dots\dots\dots(7.11)$$

其中若令$b = 2$,則$H(U)$之單位仍為位元／信息,信息指每一短暫時刻下之波形振幅。例如,音響喇叭屬類比信號,設其在某短暫時刻下輸出音響強度為m分貝,且其或然率密度函數為常態分佈型,即

$$P_U(m) = \frac{1}{\sqrt{2\pi\rho_m^2}} e\% - m/(\rho m^2) \dots\dots\dots\dots\dots\dots(7.12)$$

據此，其熵可由(7.11)式求出

$$H(U) = \frac{1}{2} \log_2(2\pi e\rho_m^2)(\text{位元／信息}) \dots\dots\dots\dots\dots\dots(7.13)$$

7.3　頻道容量

　　一頻道的容量表示，是可毫無錯誤經由該頻道發送信息的最高速率，若是數據傳輸速率，則以位元／秒表示之。

　　在一頻道上傳輸數據之速率與該頻道的頻寬成正比。1928 年哈特萊(Hartley)證明，發送一定量信息需要一定的頻寬乘以時間，由此可以點劃莫斯電碼錄存數據的唱片說明之。如果唱片轉動的速度加快一倍，播放此電碼數據的時間即減半。唱片的速度加倍，聲音的頻率亦加倍，所用之頻寬亦加倍。

　　在 1924 及 1928 年尼奎士(Nyquist)亦曾發表有關無雜音頻道的容量論文。證明如果發送每秒2B(B為限頻類比信號的頻寬)不同的電壓值(或其他符號)，即可將一頻率小於B之信號於以發送。

　　換言之，頻帶寬度B可以傳送每秒2B個別的電壓值。如果發送的是二進位電報信號，則發送的電壓必為二適當值中之一。因此可以發送2B位元／秒。若在任一瞬間藉四種可能電壓準位同時發送兩位元，則每秒2B電壓值即可用以組成每秒4B電碼。任一瞬間八種交替的電壓值可用以組成三位元電碼，達成每秒6B的信號率。

　　使用2^n信號準位之一，即可在任一瞬間發送N位元。用此具有2^n可能性並能區別的信號準位，即可經由一頻寬為B Hz的頻道發送每秒$2NB$的信號率。

　　設L為信號的準位數，即

$$2^n = L$$

對兩邊取對數

$$n = \log_2 L$$

所以頻道容量C，在無雜訊時為

$$C = 2B \log_2 L \dots\dots\dots\dots\dots\dots\dots\dots\dots\dots\dots\dots\dots\dots\dots(7.14)$$

　　當頻道有雜訊存在時，其容量又是如何呢？夏農(Shannon)證明一頻道具有一固定的最高容量。設信號功率為S，經由白色雜訊功率為N之頻道發送時，該路以每秒位元數為單位的容量為

$$C = B \log_2 \left(1 + \frac{S}{N}\right) \dots\dots\dots\dots\dots\dots\dots\dots\dots\dots\dots(7.15)$$

此式用三個已知或可測知的參數以說明一通訊頻道的最大信號率，此式亦稱為夏農哈特萊(Hartley-Shannon)定理。

　　根據此定理，可以在時間T秒經一頻道發送的最大數據位元為

$$BT \log_2 \left(1 + \frac{S}{N}\right)$$

　　假定一電話線路的某段已知具有20 dB 的S/N比，即該線路的雜訊功率為信號功率的百分之一，現欲利用該線路發送數據，它可用的頻寬為2600 Hz，則應用(7.15)式，可求得該線路的容量為

$$C = 2600 \log_2\left(1 + \frac{100}{1}\right)$$
$$= 2600 \log_2 101$$
$$= 17,301(位元／秒)$$

因此可經由此線路發送數據最高可能速率約為 17300 位元／秒。若S/N = 30 dB，則

$$C = 2600 \log_2 1001$$
$$= 25,900(位元／秒)$$

增益速率的唯一辦法為徹底改善線路的構造，例如增加頻寬，減少雜訊功率。

由(7.15)式可知一類比通路可由增加S/N比，以減少所需頻寬，或增加頻寬以減少S/N比，亦即S/N與頻寬可互相斟酌作有利的補償。

例 7.3　一個二進位源發送a個機會均等，需確認的信息，它是由二進位符號 0，1 所組成，時間T內的符號速率r。但是由於雜訊的影響，0 可能被誤認為 1，反之亦然。兩者發生誤差之或然率相等，指定為p，這就是所謂的 "二進對稱頻道" (BSC)(binary symmetric channel)，決定其頻率容量。

解　機會相等信息的數目是$a = 2^{rT}$，代入(7.14)式可得：

$$C = \frac{1}{T} \log_2 2^{rT} = r$$

在雜訊出現後，從(7.6)式可知誤差熵量率發生誤差

$$R_e = rH(U) = rp \log_2\left(\frac{1}{p}\right) + r(1-p) \log_2\left[\frac{1}{(1-p)}\right]$$

於是頻道容量是

$$C = r - R_e$$

$$= r[1 + p \log_2 p + (1-p) \log_2 (1-p)]$$

注意，當$p = 0.5$，$C = 0$亦即無消息能被傳送。當$p = 0.001$，$C = 0.989r$，以致當r為每秒 1000 個符號，其容量C大約為每秒989個位元。

例 7.4 一黑白電視畫面被認為大約由3×10^5個畫面元素所組成，每一畫面元素可區分為 10 個亮度準位之一，且機會相等。每秒 30 個畫框被發射。計算發射視頻最小的頻寬需求，假設S/N值為 30 dB 能滿足畫面的再生。

解 每一畫面元素的資訊 $= \log_2 10 = 3.32$ 位元

每一畫框的資訊 $= (3.32)(3 \times 10^5) = 9.6 \times 10^5$ 位元

資訊速率$R = (30)(9.96 \times 10^6) = 2.99 \times 10^7$ 位元／秒

因為R必須小於或等於容量C，我們令$R = C = 2.99 \times 10^7$ 及 (7.15)式可得

$$B_{\min} = \frac{C}{\log_2 \left(1 + \dfrac{S}{N} \right)}$$

$$= \frac{2.99 \times 10^7}{(3.32)(3.004)} \approx 3 \text{ MHz}$$

實際上，商業用電視傳輸視頻寬為 4 MHz。

例 7.5 當頻道的頻寬是無限制的增加時，試利用夏農哈特萊定理導出在白色雜訊中頻道容量的關係式。

解 白色雜訊的功率譜密度是N/2，夏農哈特萊定理為

$$C = B \log_2 \left(1 + \frac{S}{NB} \right) = \frac{S}{N} \left(\frac{NB}{S} \right) \log_2 \left(1 + \frac{S}{NB} \right)$$

以致我們希望研究其極限

$$\lim_{B \to \infty} \left[\frac{S}{N} \log_2 \left(1 + \frac{S}{NB} \right)^{NB/S} \right]$$

但是，我們也能寫為

$$\lim_{x \to \infty} (1 + x)^{1/x} = e$$

及知$x = \dfrac{S}{(NB)}$，我們可得

$$\lim_{B \to \infty} C = \frac{S}{N} \log_2 e$$

或 $\displaystyle\lim_{B \to \infty} C = 1.44 \frac{S}{N} = \frac{S}{0.69N}$

可從(7.15)式 $C = B \log_2 \left(1 + \dfrac{S}{N} \right)$ 來看，似乎是當$B \to \infty$頻道容量$C \to \infty$，但這是錯誤的，因為有白色雜訊的存在，雜訊功率$N = N$，因此當B增加時，N亦增加，於是當$B \to \infty$時，容量C可得一極限，C的極限是$1.44 \dfrac{S}{N}$，如圖7.2所示。

欲使C增加為無限大，只有使功率$S \to \infty$，對固定值的信號及雜訊功率而言，C仍然是一限定值。

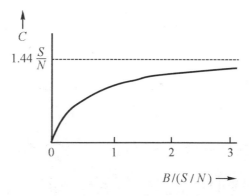

圖 7.2 頻道容量與頻寬

例 7.6 一通訊頻道的頻寬是 12.5 kHz，S/N 比是 25 dB，計算(a)最大的理論速率(bps)；(b)最大的理論頻道容量；(c)編碼位準 N 的數目以達到最大速度。

解 (a)$C = 2B = 2(12.5 \text{ kHz}) = 25 \text{ kbps}$

(b)$C = B \log_2(1 + S/N) = B3.32 \log_{10}(1 + S/N)$

$25 \text{ dB} = 10 \log p$，此處 $p = S/N$ 功率比

$p = \log^{-1} 2.5 = 316.2$

$C = 12500(3.32) \log_{10}(316.2 + 1)$

$\quad = 103.8 \text{ kbps}$

(c)$C = 2B \log_2 N$

$N = \log_2^{-1} C/2B$

$\quad = 2^{4.152} = 17.78$ 或 17 個位準或符號

7.4 數位傳輸

7.4-1 常用數據碼

數位傳輸時，以數目及字母表示的資訊需經編碼後，才被傳送出去，通常的方法是經由鍵盤及儲存在計算機記憶體中的二進位數字，有兩種常用的編碼用在數位傳輸。

1. ASCII 碼

最常用的數據通訊碼是 7 位元二進位碼，稱為資訊交換美國標準碼(American Standard Code For Information Interchange；縮寫為 ASCII，發音為 ass-key)，它能表示 128 數字、字母、發音符號及其他符號，同時亦能表示字母的大、小寫。

Char	6	5	4	3	2	1	0	Char	6	5	4	3	2	1	0	Char	6	5	4	3	2	1	0
NUL	0	0	0	0	0	0	0	+	0	1	0	1	0	1	1	V	1	0	1	0	1	1	0
SOH	0	0	0	0	0	0	1	,	0	1	0	1	1	0	0	W	1	0	1	0	1	1	1
STX	0	0	0	0	0	1	0	_	0	1	0	1	1	0	1	X	1	0	1	1	0	0	0
ETX	0	0	0	0	0	1	1	.	0	1	0	1	1	1	0	Y	1	0	1	1	0	0	1
EOT	0	0	0	0	1	0	0	/	0	1	0	1	1	1	1	Z	1	0	1	1	0	1	0
ENQ	0	0	0	0	1	0	1	0	0	1	1	0	0	0	0	[	1	0	1	1	0	1	1
ACK	0	0	0	0	1	1	0	1	0	1	1	0	0	0	1	E	1	0	1	1	1	0	0
BEL	0	0	0	0	1	1	1	2	0	1	1	0	0	1	0	]	1	0	1	1	1	0	1
BS	0	0	0	1	0	0	0	3	0	1	1	0	0	1	1	^	1	0	1	1	1	1	0
HT	0	0	0	1	0	0	1	4	0	1	1	0	1	0	0	-	1	0	1	1	1	1	1
NL	0	0	0	1	0	1	0	5	0	1	1	0	1	0	1	|	1	1	0	0	0	0	0
VT	0	0	0	1	0	1	1	6	0	1	1	0	1	1	0	a	1	1	0	0	0	0	1
FF	0	0	0	1	1	0	0	7	0	1	1	0	1	1	1	b	1	1	0	0	0	1	0
CR	0	0	0	1	1	0	1	8	0	1	1	1	0	0	0	c	1	1	0	0	0	1	1
SO	0	0	0	1	1	1	0	9	0	1	1	1	0	0	1	d	1	1	0	0	1	0	0
SI	0	0	0	1	1	1	1	:	0	1	1	1	0	1	0	e	1	1	0	0	1	0	1
DLE	0	0	1	0	0	0	0	;	0	1	1	1	0	1	1	f	1	1	0	0	1	1	0
DC1	0	0	1	0	0	0	1	<	0	1	1	1	1	0	0	g	1	1	0	0	1	1	1
DC2	0	0	1	0	0	1	0	=	0	1	1	1	1	0	1	h	1	1	0	1	0	0	0
DC3	0	0	1	0	0	1	1	>	0	1	1	1	1	1	0	i	1	1	0	1	0	0	1
DC4	0	0	1	0	1	0	0	?	0	1	1	1	1	1	1	j	1	1	0	1	0	1	0
NAK	0	0	1	0	1	0	1	@	1	0	0	0	0	0	0	k	1	1	0	1	0	1	1
SYN	0	0	1	0	1	1	0	A	1	0	0	0	0	0	1	l	1	1	0	1	1	0	0
ETB	0	0	1	0	1	1	1	B	1	0	0	0	0	1	0	m	1	1	0	1	1	0	1
CAN	0	0	1	1	0	0	0	C	1	0	0	0	0	1	1	n	1	1	0	1	1	1	0
EM	0	0	1	1	0	0	1	D	1	0	0	0	1	0	0	o	1	1	0	1	1	1	1
SUB	0	0	1	1	0	1	0	E	1	0	0	0	1	0	1	p	1	1	1	0	0	0	0
ESC	0	0	1	1	0	1	1	F	1	0	0	0	1	1	0	q	1	1	1	0	0	0	1
FS	0	0	1	1	1	0	0	G	1	0	0	0	1	1	1	r	1	1	1	0	0	1	0
GS	0	0	1	1	1	0	1	H	1	0	0	1	0	0	0	s	1	1	1	0	0	1	1
RS	0	0	1	1	1	1	0	I	1	0	0	1	0	0	1	t	1	1	1	0	1	0	0
US	0	0	1	1	1	1	1	J	1	0	0	1	0	1	0	u	1	1	1	0	1	0	1
SP	0	1	0	0	0	0	0	K	1	0	0	1	0	1	1	v	1	1	1	0	1	1	0
!	0	1	0	0	0	0	1	L	1	0	0	1	1	0	0	w	1	1	1	0	1	1	1
.	0	1	0	0	0	1	0	M	1	0	0	1	1	0	1	x	1	1	1	1	0	0	0
#	0	1	0	0	0	1	1	N	1	0	0	1	1	1	0	y	1	1	1	1	0	0	1
$	0	1	0	0	1	0	0	O	1	0	0	1	1	1	1	z	1	1	1	1	0	1	0
%	0	1	0	0	1	0	1	P	1	0	1	0	0	0	0	{	1	1	1	1	0	1	1
&	0	1	0	0	1	1	0	Q	1	0	1	0	0	0	1	|	1	1	1	1	1	0	0
'	0	1	0	0	1	1	1	R	1	0	1	0	0	1	0	}	1	1	1	1	1	0	1
(	0	1	0	1	0	0	0	S	1	0	1	0	0	1	1		1	1	1	1	1	1	0
)	0	1	0	1	0	0	1	T	1	0	1	0	1	0	0	DEL	1	1	1	1	1	1	1
*	0	1	0	1	0	1	0	U	1	0	1	0	1	0	1								

NUL = null	VT = vertical tab	SYN = synchronous
SOH = start of heading	FF = form feed	ETB = end of transmission block
STX = start of text	CR = carriage return	CAN = cancel
ETX = end of text	SO = shift-out	SUB = substitute
EOT = end of transmission	SI = shift-in	ESC = escape
ENQ = enquiry	DLE = data link escape	FS = field separator
ACK = acknowledge	DC1 = device ciontrol 1	GS = group separator
BEL = bell	DC2 = device ciontrol 2	RS = record separator
BS = back space	DC3 = device ciontrol 3	US = unit separator
HT = horizontal tab	DC4 = device ciontrol 4	SP = space
NL = new line	NAK = negative acknowledge	DEL = delete

圖 7.3 ASCII 碼

　　圖7.3所示為 ASCII 碼，其中有2字母及3字母的指定，這些碼起動操作或提供訊問的響應。例如 BEL 或0000111是鈴響(ring a bell)；SP是一個空白(space)，就是一個句字中兩個字之間的空白；ACK 意思是傳輸接收到的認知(acknowledge that a transmission was received)STX 及 ETX 是文章的開始及結束。

　　二進位碼通常用 16 進位值(hexadecimal value)表示，而不用十進位值，二進位碼轉換成 16 進位的方法，是從二進位碼的最低有效位元(the least significant bit)開始向右每 4 位元取一組。16 進位值的表示法是 10 位數 0 到 9 及字母A到F，如圖7.4所示。

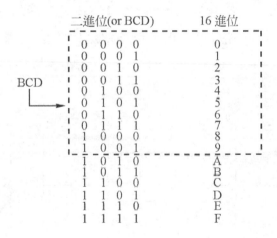

圖 7.4　16 進位及 BCD 指定

　　ASCII 碼轉換成為 16 進位(hex)的兩個例子如下：

(1)　數字4的 ASCII 碼是 0110100，加入一個前導 0 後，成為 8 個元，接著每 4 個元分成一組：00110100 ＝ hex 34

(2)　字母w的ASCII碼是1110111，加入一個前導0，成為8位元，01110111 ＝ hex 77

2. BCD 碼

當傳輸的資訊並非數字、文字，而是純粹的二進位碼時，有時可用二進位到十進位碼(Binary Coded Decimal；簡寫BCD)，某些測試儀表產生的輸出數據是 BCD 碼，有些工業用監視器及控制器亦常使用。BCD 是 4 位元碼，表示法如圖 7.4 所示，例如數字 95 能表示為 10010101

7.4-2 串列傳輸

長距離通訊系統的數據傳輸是使用串列方式，每個字的位元是一個接一個傳送，如圖 7.5 所示，圖中顯示字母 M 的 ASCII 碼 1001101，每次傳送一個位元，LSB 是第一個傳送，MSB 是最後傳送，MSB 是在最右邊，指示 M 這個字傳送已結束。每個傳送中的位元都有固定的時間區間 t，若一個位元所佔時間區間是 10 μs，則 M 字母佔用傳送時間 10 μs ×7 = 70 μs。

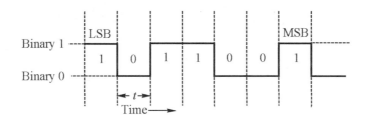

圖 7.5　M 字母 SCII 的串列傳輸

數據傳輸的速度通常表示每秒多少位元(bps 或 b/s)，有些數據傳輸是低速度，通常是每秒數百或數千位元，例如個人電腦在電話線中之傳輸速度是 9,600，14,400，19,200 或 28,200 bps。但有些數據通訊系統如區域網路，位元率高達數十或數百百萬位元。

串列傳輸的速度是與串列數據的位元時間有關，每秒多少位元的速度是位元時間t的倒數或$\text{bps} = \dfrac{1}{t}$，若位元時間是 104.17 μs，則速度bps

$$= \dfrac{1}{104.17 \times 10^{-6}} = 9600 \text{ bps}。$$

7.4-3　非同步傳輸

在非同步傳輸(Asynchronous transmission)中，每一數據字元組(word)有開始及停止位元相隨，表示一個字組的開始及終止。ASCII字元組的非同步傳輸如圖 7.6 所示。在沒有資訊傳送時，通訊線上是在高電壓位準或二位元中的 1，於數據通訊中的術語則稱為mark。

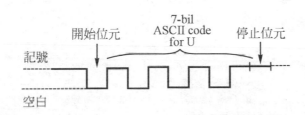

圖 7.6　有開始及停止的非同步傳輸

當字元組要開始傳送時，一個二進位 0 為開始位元或空白出現在字元組的最前方，開始位元的時距與其他數據位元時距是相同的。當傳送信號時，突然由"記號"變到"空白"，表示字元組已開始傳送，允許接收電路準備接收其他位元。

大多數低速數位傳輸(1200～38,400 bps)是非同步傳輸，這技術是十分可靠的，開始及停止位元確定發送及接收電路是同步的，每一字元組的最小期間須再加上開始及停止位元，如圖 7.7 所示。

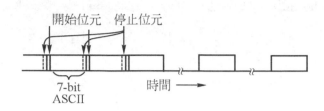

開始位元　停止位元

7-bit
ASCII

時間

圖 7.7　依序字元組非同步傳輸

7.4-4　同步傳輸

當數據字元組的傳輸是一個接一個，形成多字元組區塊(Multiword block)而沒有開始及停止位元在期間，稱為同步傳輸(synchronous transmission)，為了維持發射機與接收機間之同步，一群同步位元放在區塊的開始端及尾端，如圖 7.8 所示。

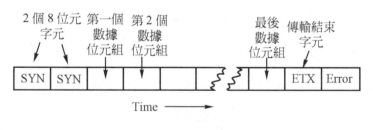

2個8位元　第一個　第2個　　　　　　　　最後　傳輸結束
字元　　　數據　　數據　　　　　　　　數據　　字元
　　　　　位元組　位元組　　　　　　　位元組

| SYN | SYN | | | ~ ~ | | ETX | Error |

Time

圖 7.8　同步數據傳輸

每一數據區塊代表數百到數千個位元組(byte)，在其開始端有獨一串列位元用來確認區塊的開始，圖 7.8 中，2 個 8 位元同步(SYN)碼告之傳送開始，在區塊結束時，另外一個特別ASCII字串ETX碼加在尾端，告之傳送已結束。

例 7.7　　256 個序列 12 位元數據字元組區塊在 0.16 秒內以串列傳送，計算(a)每字元組的時距；(b)每位元的時距；(c)傳速速度(bps)

解 (a)$t_{\text{word}} = \dfrac{0.016}{256} = 0.000625 = 625 \ \mu s$

(b)$t_{\text{bit}} = \dfrac{625 \ \mu s}{12} = 52.0833 \ \mu s$

(c)$\text{bps} = \dfrac{1}{t} = \dfrac{1}{52.0833 \times 10^{-6}} = 19.2 \ \text{kbps}$

7.5 數位通訊系統

我們來研究數位通訊系統，如圖 7.9 所示，這系統的目的是將數據信號以最少的誤差由A點送至B點，這系統有五個主要部份，分別是編碼器(encoder)，信號選擇器(signal selector)，基帶頻道(baseband channel)，信號檢波器(signal detector)及解碼器(decoder)。

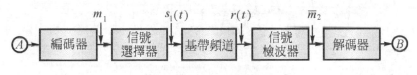

圖 7.9 數位通訊系統

無論何時，若信息不為數位形式時，編碼器就被用來將連續信號轉換成數位形式，即數位m_i，$i = 0 , 1 , 2 , \cdots , M-1$，若編碼器僅產生兩不同數位，$m_o$及$m_1$，就被稱為二進位，這編碼器就被稱為二進編碼器，當編碼器產生M個數位時就被稱為M進編碼器。

信號選擇器的作用是將每一m_i轉成為唯一的基頻波形$S_i(t)$。圖 7.10所示為一典型的二進位信息(1001)的基頻波形，脈波信號的振幅電壓為V且持續時間為T_b秒即表二進位的 1。若在T_b秒內脈波電壓為 0 則表二進位 0 信號時間T_b為位元週期(bit period)。二進位數據亦可以不同的鍵信號來傳送，常用的有正弦性信號的振幅位移鍵(ASK)(amplitude shift keying)、相位位移鍵(PSK)(phase shift keying)或頻率位移鍵(FSK)(frequency shift keying)將在下一節中討論。除了脈波信號外，其他的基頻信號的頻譜在基帶上以副載波頻率爲中心，這些信號可在整個基頻帶內傳送。

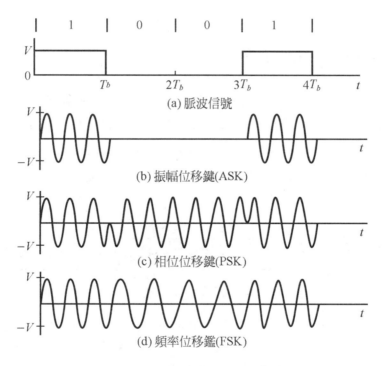

(a) 脈波信號

(b) 振幅位移鍵(ASK)

(c) 相位位移鍵(PSK)

(d) 頻率位移鑑(FSK)

圖 7.10　二進位數據的基帶波形

基帶頻率是數位信號送至信號檢波器的媒介。可以實際的基帶頻道來完成，諸如平行線對、電纜。

信號檢波器決定受雜訊干擾的信號及決定在位元週期內爲何種波形送來，檢波器檢出的信號表爲$\overline{m_2}$，因爲它可能是正確的信號亦可能不是，也就是$\overline{m_2} = m_2$的或然率小於 1，誤差或或然率P_e爲全部決定的數目中做了錯誤決定的比例，這比例通常很小，因為誤差或然率大都在10^{-3}到10^{-6}間或更小，為了決定到底收到什麼樣子的信號，需提供檢波器所有可能傳送信號的信息，其振幅、相位、頻率及位元週期等資料檢波器需要完全了解方可。另外，檢波器亦需具備鑑定一位的末尾與下一位開頭間的瞬時波形的能力，這要求稱為位同步化(bit synchronization)。若為同調檢波(coherent detection)，檢波器需要能產生一參考信號具有與基帶波形相同的頻率與相位。

解碼器將檢波器送來的信號轉換成原來的信息。若原始信號為連續波形則解碼器包括一數位至類比的轉換器(DAC)(digital to analog converter)。簡而言之，解碼器是做編碼器的相反工作。

詳細分析數位通信系統的工作情況是相當複雜的，它必須考慮很多因素，在類比通信系統中我們評估一系統的性能是以原始信號與接收到的信號之間的均方誤差來比較，在數位系統中均方誤差的要求由可允許的誤差或然率來取代。這些因素包括一些誤差時信號波形的選擇能力，信號雜訊比(SNR)，檢波器的判別方式，傳輸速率等。

7.6　差異調變(DM)

差異調變(DM)(delta modulation)是把類比信號轉變為二進位數碼信號的一種技術，其優點是，它在發射機及接收機中所需的電路比PCM系統所需的電路簡單。圖7.11是差異調變系統。

圖7.11中脈波產生器供應脈波$p_i(t)$，為了說明容易些，假定這些脈波甚狹窄，即為一序列脈衝。輸入至調變器的信號有$p_i(t)$及$\Delta(t)$，調變器的輸出$p_o(t)$就是輸入脈波串$p_i(t)$與"＋1"或"－1"(方向由$\Delta(t)$決定)的乘積。當$p_i(t)$中出現某一脈波，而此時$\Delta(t)$為正值，則乘數為"＋1"，如果此時$\Delta(t)$為負值，則乘數為"－1"。

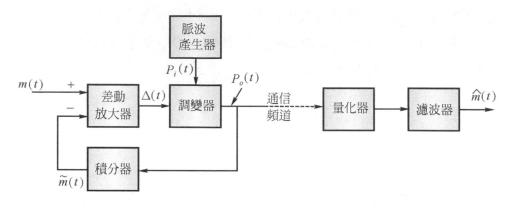

圖 7.11　差異調變系統

$p_o(t)$波形回授至一積分器，輸出為$\widetilde{m}(t)$，我們將可看出$\widetilde{m}(t)$與輸入信號$m(t)$相似，這兩信號經由差動放大器(difference amplifier)的比較，產生輸出信號$\Delta(t)=m(t)-\widetilde{m}(t)$。

調變器的工作可由圖 7.12 所示之波形看出，圖中$t=0$定於兩脈波之間開始時，$m(t)$與$\widetilde{m}(t)$的值是任意選定的。在時間t_1時，第一脈波出現，此時$m(t)$大於$\widetilde{m}(t)$，因此，調變器的輸出為正。積分器對此正脈波的反應為突然上跳之階高波形。當$t=t_2$時，因為$\Delta(t)$為正，使$\widetilde{m}(t)$仍為上跳之階高波形，依此類推。圖中$m(t)$的前面一部份沒有隨時間變化，是為顯示$\widetilde{m}(t)$如何去接近$m(t)$，而$m(t)$有變化時，$\widetilde{m}(t)$也能以階高波形與之接近。

因為在通訊頻道上傳送之信號是$p_o(t)$脈波波形，實用上，每一脈波都增寬，使每位元中含較大之能量，以便傳送。$p_o(t)$為數位碼型式，它並不含信號本身大小的資訊，而只含著$m(t)$及$\widetilde{m}(t)$之差的資訊，故稱為**差異調變**。

在接收機方面我們使用像發射機中之積分器一樣的裝置，就可使脈波串還原爲$\tilde{m}(t)$，在此積分器之後，置一低通濾波器，可把$\tilde{m}(t)$驟然變化的部份消除掉，而能更圓滑地模仿原信號$m(t)$。但因爲低通濾波器也有積分的作用，所以接收機中的積分器是多餘的，只需濾波器即可。濾波器的輸出爲$\tilde{m}(t)$，它與$m(t)$不同之處在於接收機的量化器會造成誤差，及受差異調變時階近似波形之影響。

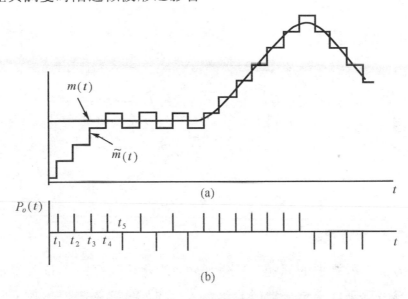

圖 7.12　差異調變系統的波形

固定階高之差異調變所受的限制

$\tilde{m}(t)$中之階高(step)如爲固定，會使 DM 遭受其他脈波調變所沒有的限制，此限制的的產生是由於信號變化速率太快而造成 "超載" (overload)。

在DM系統中，當調變信號的振幅變化超過控制信號的主動電路所負擔的範圍時，就會發生 "超載" 現象。但在DM中還有另一種在其他系統中不常見的超載現象，即當調變信號在兩次取樣之間的變化太快(超過階高)時，也會發生超載現象，這種超載是由調變信號的 "斜率" 來決定，而非其振幅，圖 7.13(a)顯示的$m(t)$信號，其變化的速率爲調變器所能負擔的最大速率。圖 7.13(b)所識之另一信號$m'(t)$，它與$\tilde{m}(t)$之電壓頂點與頂點間的大小相同，而上升的速率卻快些(即斜率較大)，此時，我們已知調變器輸出波形的斜率不能比圖中還大。因此，$\tilde{m}(t)$在有斜率之部份，將跟不上$m'(t)$，這種現象在DM系統中稱為"斜率超載"(slope-overload)。

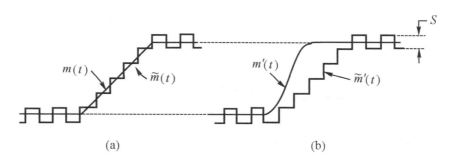

$$(a) \qquad\qquad\qquad (b)$$

圖 7.13　DM 的超載的說明

應變式差異調變

　　根據上述所遭遇的問題，當信號$m(t)$的變化階高變小時，調變器產生的脈波串為正負交錯。當信號斜率太大時，調變器發生超載，如果階高能隨信號而改變，則上述兩種現象都不會發生。當信號變小時，我們希望階高變小，當變化太大時，為了避免超載，我們希望階高變大。

　　階高的大小可調變的 DM 系統如圖 7.14 所示，是一個能應變的系統，其中有一放大器，其增益可變化，為施於增益控制端之電壓的函數，假定放大器的性質為：當增益控制電壓為零時，其增益很低；當增益控制電壓增大時，其增益隨之增加。圖中所示的電阻-電容之組合當作積分器用；跨於電容C的電壓與脈波信號$p_o(t)$的積分成比例，此電壓用來控制放大器的增益，此電壓不論為正或為負，經過平方律裝置後，都能施於放大器的控制增益端。

假定$m(t)$的振幅變化很小，則輸出的脈波串$p_o(t)$，將由正向與負向脈波交錯地組成。把這些脈波積分後，其平均輸出幾乎爲零。因而，增益控制端的電壓幾乎爲零，增益甚小，使階高減小。假定$m(t)$變化甚快，使$\tilde{m}(t)$跟不上，則輸出的脈波串$p_o(t)$全是正向脈波或全是負向脈波，這些脈波被積分後，得到很大的電壓，可使放大器的增益增大，因不論積分後的電壓爲正或負，經過平方電路，都會使放大器的增益加大，最後會把階高加大，因而減小斜率超載現象。

當然，在接收機的階高也要能應變，因此可在圖7.11的最後濾波器前，置一可變增益放大器，其增益控制端的輸入，由積分器與平方電路提供，而積分器的輸入爲收到的信號。

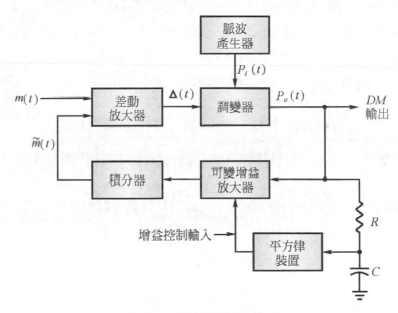

圖7.14 應變式差異調變器

7.7 數位調變系統

在前幾節中,我們所討論的是資訊在基頻帶中以數位傳輸。但數位通訊系統經常被使用在通帶頻道中,因此在傳輸前需先以數位脈波串來調變一載波信號。相對於 AM、FM、及 PM 有三種基本型式的數位調變,即振幅位移鍵(ASK)、頻率位移鍵(FSK)及相位位移鍵(PSK)。在這一節中,我們將研究這些數位條變的誤差或然率及頻寬效率。

1. 振幅位移鍵(ASK)

在振幅位移鍵中,高頻率載波的振幅是被 PCM 電碼的兩個或多個值交換出現。對於二進位碼,通常選擇開-關鍵(on-off keying)有時縮寫為00K,合成的已振幅調變波形含有射頻脈波,被稱為記號(marks),表示二進位數 1,空間(space)表示二進位數 0。對於一 PCM 信號的 ASK 的波形,如圖 7.15 所示。ASK 的頻寬同在 AM 中一樣,是基頻帶頻寬的 2 倍。

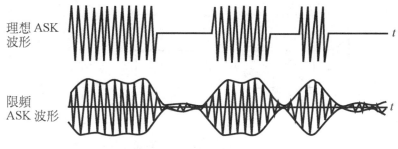

圖 7.15 二進位 ASK 波形

對於一脈波(也就是二進位數 1)的 ASK 波形能寫為:

$$\phi(t) = \begin{cases} A\sin\omega_c t & 0 < t \le T \\ 0 & \text{其他} \end{cases} \quad\text{.................................}(7.16)$$

在白色雜訊的環境下，這 ASK 波形的最佳檢波之匹配濾波器 (matched filter)的脈衝響應為

$$h(t) = \phi(T-t)$$

輸入為$\phi(t)$的匹配濾波器，其輸出為

$$
\begin{aligned}
y(t) &= \phi(t) * h(t) \\
&= \int_{-\infty}^{\infty} \phi(\tau)\phi(T-t+\tau)d\tau \\
&= r_\phi(T-t) \quad\text{................(7.17)}
\end{aligned}
$$

此處$r_\phi(t)$是限定能量信號$\phi(t)$的時間自相關函數，最佳的決定時間$t = T$時，以致

$$y(T) = r_\phi(0) = E \quad\text{.................................(7.18)}$$

匹配濾波器的輸出被繪於圖 7.16，利用(7.16)式我們能求出信號的能量式

$$E = \int_0^T A^2 \sin^2 \omega_c t\, dt = \frac{A^2 T}{2} \quad\text{..................(7.19)}$$

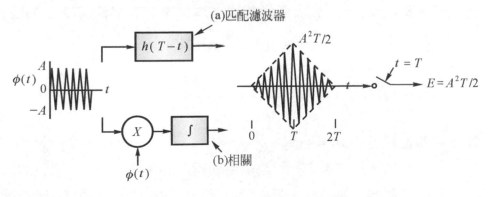

圖 7.16　ASK 波形的匹配濾波器檢波

接收機在 $t=T$ 時必須在下述兩種可能性中做一決定。若

$$y(T)=n_o(T)$$

及 $\qquad y(T)=E+n_o(T)$

對於 1，0 及雜訊發生的或然率呈現對稱性或然率密度函數，最佳判別臨限(optimum-decision threshold)被設定在 $\dfrac{E}{2}$。對高斯分佈的雜訊，我們可計算 ASK 的誤差或然率 P_e 為(參考附錄 D)。

$$P_e=E_rfC\frac{E}{\sqrt{2\mathcal{N}}} \dotfill (7.20)$$

為了與其他系統比較的目的，我們以每位元平均信號能量來表示誤差或然率，即 $E_{\text{avg}}=ST$，S 為信號功率，T 為時間，以致(7.20)式可寫為

$$P_e=E_rfC\frac{E_{\text{avg}}}{\sqrt{\mathcal{N}}}$$

平均信號功率是 $S=\left(\dfrac{1}{2}\right)\left(\dfrac{A^2}{2}\right)$，及 $N=\mathcal{N}B$，若我們假設尼奎士取樣，$B=\dfrac{1}{(2T)}$，以致我們能藉著平均信號對雜訊比將(7.20)式寫成為

$$P_e=E_rfC\frac{S}{\sqrt{2\mathcal{N}}} \dotfill (7.21)$$

2. 頻率位移鍵(FSK)

在頻率位移鍵中，載波信號的瞬時頻率是被 PCM 信號的二個或多個值交換改變，圖 7.17(a)顯示一對應於二進位 PCM 信號

的理想 FSK 信號。這理想的 FSK 信號可分解成為兩不同載波的 ASK 波形，如圖 7.17(b)所示。

為了傳送二進位符號，我們必須選擇兩組頻率不同的波形，即

$$\phi_1(t) = \begin{cases} A\sin m\omega_o t & 0 < t \leq T \\ 0 & \text{其它} \end{cases}$$

$$\phi_2(t) = \begin{cases} A\sin n\omega_o t & 0 < t \leq T \\ 0 & \text{其它} \end{cases}$$

兩個被接收的信號波形是不同的，所以我們需用兩個匹配濾波器，一波形用一個。FSK接收機的兩種可能匹配濾波器如圖 7.18 所示。

每二進位數的平均能量是

$$E = \int_0^T A^2 \sin^2 m\omega_o t \, dt = \frac{A^2 T}{2}$$

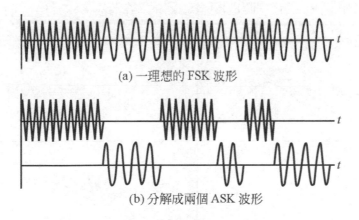

(a) 一理想的 FSK 波形

(b) 分解成兩個 ASK 波形

圖 7.17

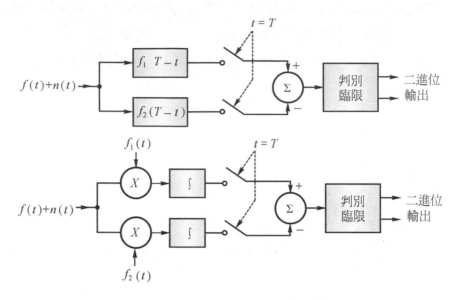

圖 7.18　FSK 波形的匹配濾波器檢波

當一信號頻率出現時，我們假設其中一個匹配濾波器的輸出為零，另外一個匹配濾波器的輸出是E。反過來說，若第二個信號頻率出現時，第一個匹配濾波器的輸出是零，另外一個匹配濾波器的輸出在$-E$，如圖 7.19 所示。

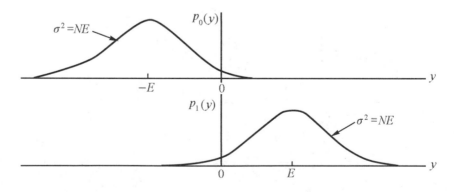

圖 7.19　二進位 FSK 波形的或然率密度函數

若我們假設圖7.18中的兩個匹配濾波器頻率響應不會產生重疊，輸出的雜訊電壓是在統計上獨立的，因此相加在一功率基準上。若兩濾波器的頻寬是相同的，於是我們能使變異數$\sigma^2 = \left(\dfrac{NR}{2}\right)$加倍成為$\sigma^2 = NE$。對於高斯分佈的雜訊及機會均等的 1 及 0，我們可得

$$P_e = \int_0^\infty \frac{1}{\sqrt{2\pi NE}} e^{-(Y+E)^2(2NE)dy}$$

$$= E_r fC \frac{E}{\sqrt{N}} \quad\text{...(7.22)}$$

此處E是每二進位元數的能量，因此我們可推論：在平均位元能量對雜訊的基礎下，FSK 的誤差或然率與 ASK 是相同的。從另一角度來看，在相同的峰值功率需求下，FSK比ASK好出3-dB。

匹配濾波器檢波是一同步檢波，產生任一信號頻率的兩個振盪器的頻率及相位需要同步，我們可用相鎖迴路(PLL)的方式實現，其方塊圖示於圖 7.20(a)。每一迴路的頻率範圍被限制住及低通濾波器是足夠窄的使電壓控制振盪器在一停頓之中將不會改變頻率。通常一相鎖迴路被用來調整，追隨輸入信號頻率。

另外一種常用來實現FSK接收機的方法是僅用到匹配濾波器的大小響應，非同調(noncoherent)FSK接收機如圖7.20(b)所示。波封檢波器的分析在此省略掉，僅寫出其結果

$$P_e = \frac{1}{2} \exp \frac{-E}{2N} \quad\text{...(7.23)}$$

在相同的誤差率之下，非同調 FSK 檢波所造成的S/N值與同調 FSK檢波的相差不超過1 dB，這是非同調FSK檢波流行的原因。

但使用這種方法需考慮頻率的間距，以防止兩濾波器的通帶會有重疊產生，因此必須至少需滿足$2\Delta fT \geq 1$，其中$2\Delta f$是兩頻率的相差，T是符號存在期間(symbol duration)。

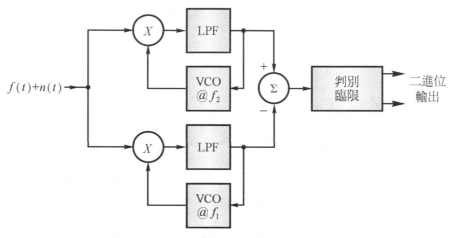

(a) 同調 FSK 接收機方塊圖

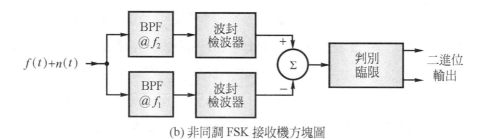

(b) 非同調 FSK 接收機方塊圖

圖 7.20

　　有一型數位式 FSK 調變器如圖 7.21 所示，圖中一個時脈振盪器產生頻率在 271,780 Hz 之時脈，加到二進位頻率除法器，其實這個頻率除法器就是二進位計數器，使用不同的回授邏輯閘來設定除數，頻率除法器的除數可以由兩種不同整數值設定；一個除數是由記號(Mark)產生，另一個是由空白(space)產生。

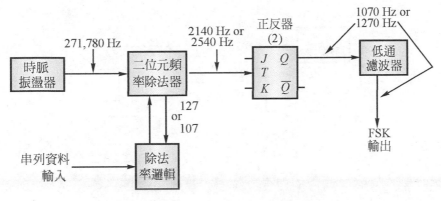

圖 7.21　數位式 FSK 調變器

　　若傳送的空白是 1070 Hz，除數邏輯閘將使頻率除法器除以

127，當串列二進位輸入是 0，頻率除法器的輸出是輸入的 $\frac{1}{127}$，

所以輸出頻率是 $\frac{271,780}{127} = 2140$ Hz，接著輸入到單一的正反器

上被除以 2，產生所欲要的 1070 Hz 頻率輸出，而是方波、正反

器的輸出再經由低通濾波器，去除高奇數諧波，產生 1070 Hz 正

弦波。

　　當二進位 1 加到除數邏輯閘上，將使頻率除法器除以 107，

輸出頻率是 2540 Hz，經由正反器除以 2，產生 1270 Hz 輸出，

再經由低通濾波器去除高頻率諧波，產生正弦波輸出。

　　至於相對應的數位式 FSK 解調器如圖 7.22 所示，接收到的

正弦波 FSK 調變信號先送到限制器中，可以去除振幅變化及改變

信號成為方波，然後此方波加到邏輯電路中，經由 1 MHz 時脈的

開與關。

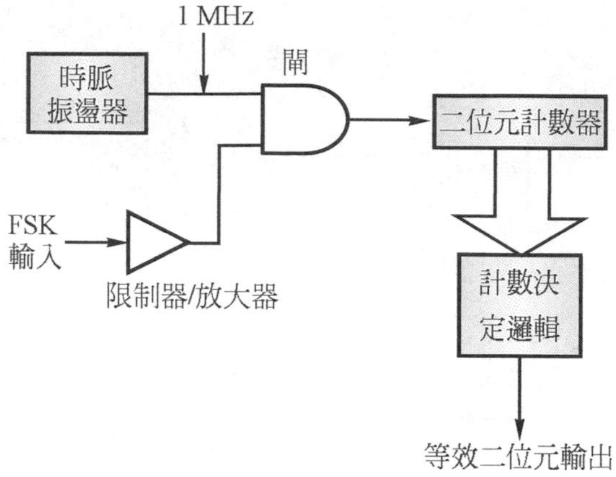

圖 7.22　數位式 FSK 解調器

　　接著一個二進位計數器計算或累積 1 MHz 時脈脈波,其輸出送到技術偵測邏輯電路(Count detection logic circuit),依據計數器的數目是在兩個特定限制值的上方或下方,決定輸出是二進位 0 或二進位 1。

　　通常 FSK 數據機(modems)就是由數位式 FSK 調變器及數位式 FSK 解調器安裝在一個 IC 中作用。

　　在 FSK 檢波中,什麼才是兩信號頻率相差的最佳值?在同步檢波中的低通相差是正比於

$$\int_0^T (\sin n\omega_1 t - \sin m\omega_1 t)\sin n\omega_1 t \, dt$$

$$\approx \frac{T}{2}\left[1 - \frac{\sin(n-m)\omega_1 T}{(n-m)\omega_1 T}\right]$$

其中$(n-m) \ll n$,m ....(7.24)

對通帶系統而言,$\omega_c \gg \Delta\omega$ 及 $\omega_c T \gg 1$,(7.24)式能重寫且代入(7.22)式,可得

$$P_e = E_r fC \sqrt{[1 - \sin C(2\Delta\omega T)]E/\text{N}} \quad\text{.....................................(7.25)}$$

(7.25)式的中括號爲最大值是當$(2\Delta\omega T) \approx (3\pi)/2$，使頻率相差$2\Delta f$ 有最小的誤差或然率，將這些值代入中括號，產生$\dfrac{1+2}{(3\pi)} = 1.21$， 所以(7.25)式可寫成爲

$$P_e = E_r fC \sqrt{1.21 \dfrac{E}{\text{N}}}$$

例7.8   NRZ 二進位數據利用 FSK 方式在電話頻道中以 300 bps 傳 送。FSK 的兩頻率分別爲2025，2225 Hz。

(a)假定集中在載波的頻寬是 800 Hz，若平均信號對雜訊比是 8 dB，計算最小誤差或然率。

(b)重覆(a)，當$S/N = 7$ dB。

解   (a)這裡我們知$f_c = 2125$ Hz，$\Delta f = 200$ Hz 及$T = \dfrac{1}{300}$秒，因 爲$\omega_c T \gg 1$ 及$\omega_c \gg \Delta\omega$，我們能用(7.25)式，其中括號項爲

$$1 - \sin C\left(2\pi\dfrac{200}{300}\right) = 1.21$$

而且我們也可得

$$\dfrac{S}{800\text{N}} = 10^{0.8}$$

以致$P_e = E_r fC \sqrt{1.21 \dfrac{ST}{\text{N}}}$

$$P_e = E_r fC(4.51) = 3.26 \times 10^{-6}$$

(b)改變S/N爲$10^{0.7}$，從(a)我們可計算得

$$P_e = E_r fC(4.02) = 2.93 \times 10^{-5}$$

比較(a)及(b)所得的結果顯示當 S/N 改變 1 dB，則誤差或然率的大小改變大約 1 個等級(order)。

3. **相位位移鍵(PSK)**

相位位移鍵是以載波之相位為準，依進來之數據符號作相位之變化，有二相式、四相式(QPSK)及八相式(8-PSK)等。使用二相式時，較常用的一種是被稱為倒相位移鍵(Phase-Reversal Keying；PRK)，PRK 波形如圖 7.23 所示，能寫成

$$\phi_1(t) = A\sin\omega_c t$$
$$\phi_2(t) = -A\sin\omega_c t$$

圖 7.23　PRK 波形

上式的兩信號極性相反 $\phi_1(t) = -\phi_2(t)$，被稱為反極性信號(antipodal signals)，我們可證明這種信號在給予一定的信號能量之下，可得最大的峰值信號對雜訊比。因此在圖 7.24 中的相關檢波器(correlation detector)僅需一參考信號，且其判別臨限值被設定為零。

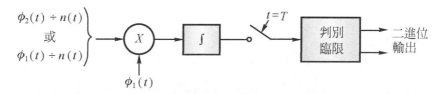

圖 7.24　用於反極性信號的相關檢波器

根據圖 7.24 的相關檢波器，若$[\phi_1(t) + n(t)]$是出現在輸入端，在$t = T$時，輸出端的信號是$y(T) = E + n_o(T)$。反過來說，若$[\phi_2(t) + n(t)]$出現在輸入端，在$t = N$時，輸出端的信號是$y(T) = -E + n_o(T)$。雜訊的變異數為

$$\overline{n_o^2(T)} = \frac{NB}{2}$$

及相對應的或然率密度函數被如圖 7.25 所示。

從圖 7.25 很明顯地看出最佳判別臨限值是設定在零，在機會相等的 1 及 0 之下，誤差或然率是

$$P_e = \int_0^\infty \frac{1}{\sqrt{\pi NE}} e^{-(Y + E)^2/NE} dy$$

$$P_e = E_r fC \frac{2E}{\sqrt{N}} \quad\text{...(7.26)}$$

比較(7.26)式與(7.22)式，顯示在維持一給定的誤差或然率之下，FSK 及 ASK 所需要的平均功率是 PRK 的兩倍。

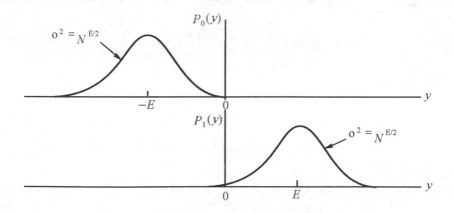

圖 7.25　PRK 的或然率密度函數

較一般性的二進位PSK(BPSK)其信號表示為

$$\phi(t) = A \sin[\omega_c t + \Delta\theta p(t)] \dots\dots\dots\dots\dots\dots\dots\dots (7.27)$$

這裡 $\Delta\theta$ 是峰值相位偏差及 $p(t)$ 是二進位交換函數，其可能狀態為 ± 1。為了方便，我們為 BPSK 定義一調變指數 m，為

$$m = \cos\Delta\theta$$

此處 $0 \leq m \leq 1$。利用三角恆等式上式可擴展為

$$\phi(t) = A \sin\omega_c t \cos[p(t)\cos^{-1}m] + A \cos\omega_c t \sin[p(t)\cos^{-1}m]$$

利用 $\cos(\pm\cos^{-1}m) = m$ 及 $\sin(\pm\cos^{-1}m) = \pm\sqrt{1-m^2}$ 的事實，我們可得

$$\phi(t) = mA\sin\omega_c t + p(t)\sqrt{1-m^2}A\cos\omega_c t$$

上式中的第一項是載波分量及第二項是調變分量。

BPSK波形中載波分量的平均功率是 $\dfrac{m^2A^2}{2}$ 及調變分量的功率是 $\dfrac{(1-m^2)A^2}{2}$。因此在已調變信號中，載波分量的功率是整個功率的 $\dfrac{1}{m^2}$。而在 PRK 波形中載波分量的功率是零，因為 PRK 的 $\Delta\theta = \dfrac{\pi}{2}$。

決定 BPSK 的誤差或然率，可用相關檢波器(看圖 7.24，利用(7.27))式，我們在 $t = T$ 時可找出兩種可能信號輸出，即

$$\int_0^T A^2\sin(\omega_c t + \Delta\theta)\cos\omega_c t dt = \pm\frac{1}{2}A^2T\sin\Delta\theta \dots\dots\dots\dots (7.28)$$

誤差或然率接下來的計算與PRK的方式相同[參看(7.26)式]，僅除或然率密度函數被集中在$\pm E\sin\Delta\theta$外。於是

$$P_e = \int_0^\infty \frac{1}{\sqrt{\pi NE}} e^{-(Y+E\sin\theta)^2/(NE)} dy$$

$$P_e = ErfC\frac{(2E\sin^2\Delta\theta)}{\sqrt{N}}$$

$$P_e = ErfC\frac{2E(1-m^2)}{\sqrt{N}} \dots\dots(7.29)$$

PSK的較優性能伴隨著需同步檢波的缺點，因為資訊被含在相位中。PSK中因仍維持一載波分量，可在接收機中當同步用。

有數種方法被推薦用來從接收到的 PRK 波形產生一參考載波信號。其中一方法是先將輸入的 PRK 波形平方，造成倍頻項的相位之決定與相位是 0 或$\pm\pi$無關，一頻率除法器被用來獲得所希望的載波參考，以圖 7.26 顯示為 PRK 檢波系統方塊圖。

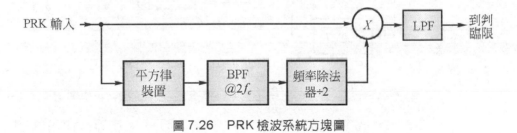

圖 7.26　PRK 檢波系統方塊圖

另外一種可解決同步問題的方法是使用修飾過的PSK，被稱為微分 PSK(DPSK)。在 DPSK 中，利用兩連續位元之間的差異來編碼，以圖 7.27(a)來說明一微分二進位序列是由發射機的輸入二進位信息所產生了。這序列有一額外的起始數字(digit)，它是任意的，在這裡我們設定它為 1。在微分編碼中的連續數字是

由以下之規則而產生：若輸出狀態是沒有變化，則會出現 1；若
輸出狀態是有改變，則出現0。圖7.27(a)中，微分電碼這一行，
左邊第一位是1與上一行PCM電碼左邊第一位的1是相同，沒有
變化，所以微分電碼的第二位就是1，這個 1 再與上一行第二位
0 相比較，因為異號，有變化，所以為分電碼的第三位就是 0，
依此類推，就產生微分電碼。

　　DPSK的檢波電路，如圖 7.27 所示。前一個數字的相位當作
參考信號。若相位是相同的，一正電位輸出，若相位是不同的，
則負電位輸出。以此檢對圖 7.27(a)，即可發現確實能準確的將
DPSK 解碼成為原來的信息。

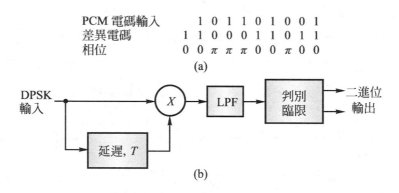

PCM 電碼輸入　　1 0 1 1 0 1 0 0 1
差異電碼　　　1 1 0 0 0 1 1 0 1 1
相位　　　　　0 0 π π π 0 0 π 0 0

(a)

DPSK 輸入　　　X　　LPF　　判別臨限　　二進位輸出

延遲, T

(b)

圖 7.27　DPSK及其檢波

　　DPSK的缺點是信號的速度被限制，因為有延遲被使用的關
係。其誤差或然率是

$$P_e = \frac{1}{2} \exp \frac{-E}{\mathcal{N}}$$

將DPSK與PSK系統比較，在$P_e < 10^{-4}$之下，DPSK遭受 1 dB信
號功率的懲罰。

QPSK

　　BPSK及DPSK的主要問題是在給予頻寬下，其傳輸速度受到限制，因此在固定頻寬下，而能增加進位數據速率，就需在相位上編碼以增加速率，最常用的一種系統就是四分相相移鍵調變(Quadrature PSK；QPSK)，QPSK如同二位元PSK，信號傳送的資訊是包含在相位裏，尤其，載波的相位取在下面四個相等間隔值中的一個，如45°，135°，225°，315°，對此組的值，可以定義被傳送的信號成

$$S_i(t) = \begin{cases} \sqrt{\dfrac{2E}{T}} \cos\left[2\pi f_c\, t + (2i-1)\dfrac{\pi}{4}\right] & 0 \le t \le T \\ 0 & \text{其它} \end{cases}$$

其中$i = 1，2，3，4$，E是每符元傳送的信號能量，T是符元長度，每個相位的可能值對應一個獨特的數字位元(dibit)。例如前面4組相位值來表示被格雷編碼(Gray-encoded)的數字位元集合：10，11，01 及 11，其中當從一數字位元到另一數字位元，只有單一位元被改變，如圖7.28所示。

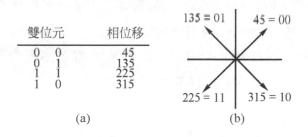

圖 7.28　四分相相移鍵調變

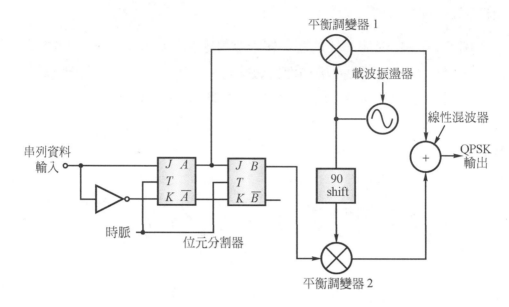

圖 7.29　一個 QPSK 調變器方塊圖

　　圖 7.29 顯示一個 QPSK 調變器方塊圖，它包含一個由正反器組成的 2 位元相移記錄器，通常稱為位元分割器(bit splitter)，串列二為元數據串經由移位器而產生位移，然後從兩個正反器產生的位元輸入到平衡調變器中，另外載波振盪器被加到平衡調變器 1 及 90°相移器到平衡調變器 2 上，兩個平衡調變器的輸出經由線性混波，產生 QPSK 信號。

　　至於 QPSK 解調器如圖 7.30 所示，載波恢復電路與前面所述相同，載波被加到平衡調變器 1，另外載波經由 90°相位移，加到平衡調變器 2 上，兩個平衡調變器的輸出經由濾波器及整形成為位元，每兩個位元移位記錄器中組合後，成為原來傳送的二進位信號。

　　當每相位改變以更多位元編碼可產生較高速率，例如在 8-PSK 調變中，使用 3 個串列位元產生 8 個不同的相位變化，在 16-PSK 調變中，4 個串列位元產生 16 個不同的相位變化，可得到更高的速率。

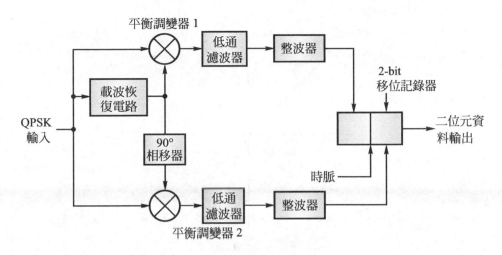

圖 7.30　QPSK 解調器方塊圖

QAM

在數據機中有一種最常使用的調變技術，就是正交振幅調變(Quadrature Amplitude Modulation；QAM)，可以增加每鮑得(baud)位元數目。QAM 能同時改變載波的相位及振幅，因此載波有不同的相位移及不同的振幅變化。

在一個 8-QAM 中，有 4 個可能的相位移，就如 QPSK 一樣，但同時有 2 個不同載波振幅，因此共有 8 種不同狀態被傳送。

對於 8 個狀態，此時就需每 3 個串列位元編碼成為一個鮑得或符號，每一 3 位元二進位字元組形成不同的相位-振幅組合。圖 7.31 是一個 8-QAM 信號的星座圖，顯示出所有可能的相位及振幅組合。星座中的各點表示 8 個可能相位-振幅組合。

星座圖上每一相位有兩個振幅位準，點 A 表示一個相位移 135° 的低載波振幅，它以 100 表示，B 點顯示相位移 315° 高振幅載波，正弦波表示 011。

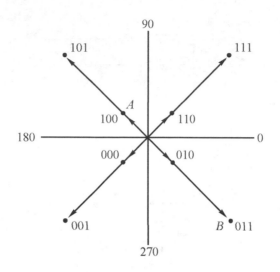

圖 7.31　8-QAM 信號的星座圖

　　一個 8-QAM 調變器的方塊圖如圖 7.32 所示，圖中串列位元數據輸入到 3 位元移位記錄器，這些位元再送到一對 2 到 4 位準轉換器。一個 2 到 4 位準轉換器(2-to-4-level converter)電路僅是一個簡單的 D/A 轉換器，將一對二進位輸入轉換成為 4 種可能直流輸出電壓位準之 1 種。

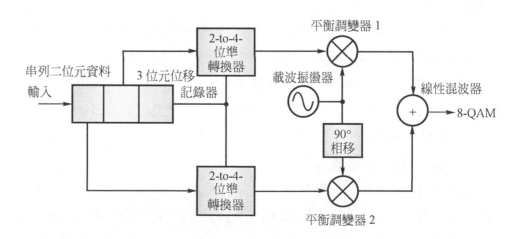

圖 7.32　一個 8-QAM 調變器

　　2到4位準轉換器的輸出分別進入到平衡調變器1及2中，以及載波振盪器的輸出，一個到平衡器1，另一個經由90°相移後輸入到平衡調變2中，就如QPSK調變器之作用。

　　每一平衡調變器產生4個不同相位-振幅組合的輸出，當這些組合經過線性混波器作用，產生8個不同的相位-振幅組合。

　　一個16-QAM信號能在一定時間內編碼4個輸入位元，在2個振幅位準造成8個不同相移，最後產生16個不同相位-振幅組合。

7.8　數位調變系統之比較

　　前一節所述的 ASK、FSK 及 PSK 系統的誤差或然率之性能，如圖7.33 所示。這圖是相對於位元能量E被除以N(雜訊功率譜密度)而劃出的。在比較時，我們假設所有系統有相同的峰值功率。

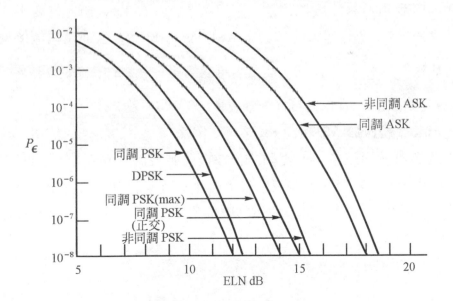

圖 7.33　數位調變系統之誤差或然率

圖 7.33 顯示同調 PSK 信號是所有數位調變系統中，所需求的功率量是最小，其次是 DPSK，接著是同步的 FSK，非同調的 FSK，同調 ASK及非同調的ASK。這些圖之間雖僅相差1～2 dB，但我們知信號功率改變1 dB，會造成P_e將近一個級次的改變。

ASK系統的發射機是很容易製作，其優點是當沒有數據被送出時，發射機就不消耗功率。這種系統可應用在短程小型遙測系統中。非同調 ASK 系統的接收機也很容易製作，而同調 ASK 的電路較複雜，因此在 00K中，同調檢波通常不被使用。ASK的缺點是在接收機中的判別臨限必須隨著被接收信號準位而加以調整，這些調整通常是用一自動增益控制(AGC)(automatic gain control)。

FSK系統有一零判別臨限準位，與載波信號強度無關。但對其頻率穩定度的需求增加，因此其電路結構比 ASK 複雜。接收機的複雜性主要與它是同調或非同調調變方式有關。非同調FSK是比較容易組成，普遍用作低到中速率的數據傳輸，諸如電腦打字(teletype)。但要用非同調解調的 FSK 傳輸所需的頻寬比 ASK 及 PSK 為寬。而用同調解調的 FSK傳輸的頻寬被Δf控制，使之盡可能的小，在$2\Delta fT < \frac{1}{2}$的要求下，S/N會受到懲罰，因此其頻寬等於或稍大於 ASK 及 PSK。

PSK 系統優於 ASK 及 FSK 系統，因為在一定的誤差或然率下，它所需的發射功率較少，但需同步檢波，及載波的恢復系統較難建立。DPSK系統會犧牲一些誤差或然率，但允許有較簡單的接收機。總之，在通信系統中，三種最常被使用的數位調變方法是PSK、DPSK及非同調FSK。

習 題

1. 一類比信號是被限定在BHz，以尼奎士速率取樣，樣本被4準位量化。量化準位分別是θ_1、θ_2、θ_3及θ_4，他們之間假設是獨立的，發生的或然率是$p_1 = p_4 = \frac{1}{8}$及$p_2 = p_3 = \frac{3}{8}$，求出資訊源的資訊速率。

2. 同(上)題，但令θ_1、θ_2、θ_3及θ_4的或然率為$\frac{1}{2}$，$\frac{1}{3}$，$\frac{1}{8}$，$\frac{3}{8}$。

   ⑴ 計算熵量H。

   ⑵ 若$r = 1$信息／秒，求出R。

   ⑶ 若信號被發送出是經過編碼，即θ_1，$\cdots$，θ_4為 00，01，10，11，計算二進位數被發射的速率為多少？

   ⑷ 若電碼是使用 0，10，110，111，其速率為多少？

3. 一標準音級電話線的頻寬為 3 kHz

   ⑴ 若$S/N = 30$ dB，頻道容量是多少？

   ⑵ 實際上，這電話線的最大數據速率是 4800 位元／秒，要維持這速率，理論上最小的S/N需求為多少？

4. ⑴ 劃出頻道容量C與B的特性曲線，對白色高斯雜訊 PSD $= \frac{N}{2}$而言，$S/N = $常數。

   ⑵ 若$B = 0.1$ MHz 及$S/N = 10$ dB，決定頻道容量C。

5. 輸入置 DM 系統中的信號是$m(t) = 0.01t$，DM 操作的取樣頻率是 20 Hz 及其階高大小是 2 mV，劃出 DM 的輸出$\Delta(t)$及$\tilde{m}(t)$。

6. 對 ASK 劃出匹配濾波器接收機的方塊圖，及顯示這是同調檢波的例子。

7. 一同調BPSK(PRK)系統在 $\dfrac{E}{N} = 8$，0與1的或然率分別是P_0，P_1 條件下操作。

  ⑴ 找出其誤差或然率P_e，當$P_1 = 0.1$，0.5 及 0.6，並假設接收機 的臨限設定爲零。

  ⑵ 在最佳臨限設定時，P_e爲多少。

8. 位元串$b'(t) = 101000110111011$ 以DPSK發射，求出其編碼序列 (encoded sequence)$b(t)$。

9. 利用 DPSK 接收機來接收習題 8 的$b(t)$，顯示可恢復$b'(t)$。

10. 比較 BPSK，DPSK 及非同調 FSK 等的平均功率需求，以 dB 表 示，這些信號的速率是 3000 bps，並假設 $\dfrac{N}{2} = 10^{-14}$ W/Hz，P_e $= 10^{-5}$。

附錄 A　傅利葉轉換配對表

	$f(t)$	$F(\omega)=\mathcal{F}\{f(t)\}$
1.	$e^{-at}u(t)$	$1/(a+j\omega)$
2.	$te^{-at}u(t)$	$1/(a+j\omega)^2$
3.	e^{-at}	$2a/(a^2+\omega^2)$
4.	$e^{t^2/2\sigma^2}$	$\sigma\sqrt{2\pi}e^{-\sigma^2\omega^2/2}$
5.	$\mathrm{sgn}(t)$	$2/(j\omega)$
6.	$j/(\pi t)$	$\mathrm{sgn}(\omega)$
7.	$u(t)$	$\pi\delta(\omega)+1/j\omega$
8.	$\delta(t)$	1
9.	1	$2\pi\delta(\omega)$
10.	$e^{\pm j\omega_0 t}$	$2\pi\delta(\omega\mp\omega_0)$
11.	$\cos\omega_0 t$	$\pi[\delta(\omega-\omega_0)+\delta(\omega+\omega_0)]$
12.	$\sin\omega_0 t$	$-j\pi[\delta(\omega-\omega_0)-\delta(\omega+\omega_0)]$
13.	$\mathrm{rect}(t)$	$\mathrm{Sa}(\omega/2)$
14.	$\mathrm{rect}(t/\tau)$	$\tau\,\mathrm{Sa}(\omega\tau/2)$
15.	$\dfrac{1}{2\pi}\mathrm{Sa}(t/2)$	$\mathrm{rect}(\omega)$
16.	$\dfrac{W}{2\pi}\mathrm{Sa}(Wt/2)$	$\mathrm{rect}(\omega/W)$
17.	$\dfrac{W}{\pi}\mathrm{Sa}(Wt)$	$\mathrm{rect}[\omega/(2W)]$
18.	$\mathrm{A}(t)$	$[\mathrm{Sa}(\omega/2)]^2$
19.	$\mathrm{A}(t/\tau)$	$\tau[\mathrm{Sa}(\omega\tau/2)]^2$
20.	$\delta_t(t)$	$\omega_0\delta_{\omega_0}(\omega)$, where $\omega_0=2\pi/T$

附註：$\mathrm{rect}(t)=\mathrm{II}(t)$

　　　$\mathrm{Sa}(t)=\sin c(t)$

附錄 B 傅利葉轉換的性質

操作	$f(t)$	$\longleftrightarrow$	$F(\omega)$
重疊	$a_1 f_1(t) + a_2 f_2(t)$		$a_1 F_1(\omega) + a_2 F_2(\omega)$
共軛複數	$f^*(t)$		$F^*(-\omega)$
標度	$f(\alpha t)$		$\dfrac{1}{|\alpha|} F\left(\dfrac{\omega}{\alpha}\right)$
延遲	$f(t - t_0)$		$e^{j - t_0} F(\omega)$
頻率轉移	$e^{j\omega_0 t} f(t)$		$F(\omega - \omega_0)$
振幅調變	$f(t) \cos \omega_0 t$		$\dfrac{1}{2} F(\omega + \omega_0) + \dfrac{1}{2} F(\omega - \omega_0)$
時間迴旋	$\int_0^x f_1(\tau) f_2(t - \tau) d\tau$		$F_1(\omega) F_2(\omega)$
頻率迴旋	$f_1(t) f_2(t)$		$\dfrac{1}{2\pi} \int_0^x F_1(u) F_2(\omega - u) du$
雙重性	$F(t)$		$2\pi f(-\omega)$
對稱性偶	$f_c(t)$		$F_c(\omega)$ [real]
對稱性奇	$f_o(t)$		$F_o(\omega)$ [imaginary]
時間微分	$\dfrac{d}{dt} f(t)$		$j\omega F(\omega)$
時間積分	$\int_{-x}^t f(\tau) d\tau$		$\dfrac{1}{j\omega} F(\omega) + \pi F(0) \delta(\omega)$, where $F(0) = \int^x f(t) dt$

附錄 C　高斯面積函數

$\Phi(z) = \frac{1}{\sqrt{2\pi}} \int_0^x \exp(-t^2/2)dt$										
z	0	1	2	3	4	5	6	7	8	9
0.0	.0000	.0040	.0080	.0120	.0160	.0199	.0239	.0279	.0319	.0359
0.1	.0398	.0438	.0478	.0517	.0557	.0596	.0636	.0675	.0714	.0754
0.2	.0793	.0832	.0871	.0910	.0948	.0987	.1026	.1064	.1103	.1141
0.3	.1179	.1217	.1255	.1293	.1331	.1368	.1406	.1443	.1480	.1517
0.4	.1554	.1591	.1628	.1664	.1700	.1736	.1772	.1808	.1844	.1879
0.5	.1915	.1950	.1985	.2019	.2054	.2088	.2123	.2157	.2190	.2224
0.6	.2258	.2291	.2324	.2357	.2389	.2422	.2454	.2486	.2518	.2549
0.7	.2580	.2612	.2642	.2673	.2704	.2734	.2764	.2794	.2823	.2852
0.8	.2881	.2910	.2939	.2967	.2996	.3023	.3051	.3078	.3106	.3133
0.9	.3159	.3186	.3212	.3238	.3264	.3289	.3315	.3340	.3365	.3389
1.0	.3413	.3438	.3461	.3485	.3508	.3531	.3554	.3577	.3599	.3621
1.1	.3643	.3665	.3686	.3708	.3729	.3749	.3770	.3790	.3810	.3830
1.2	.3849	.3869	.3888	.3907	.3925	.3944	.3962	.3980	.3997	.4015
1.3	.4032	.4049	.4066	.4082	.4099	.4115	.4131	.4147	.4162	.4177
1.4	.4192	.4207	.4222	.4236	.4251	.4265	.4279	.4292	.4306	.4319
1.5	.4332	.4345	.4357	.4370	.4382	.4394	.4406	.4418	.4429	.4441
1.6	.4452	.4463	.4474	.4484	.4495	.4505	.4515	.4525	.4535	.4545
1.7	.4554	.4564	.4573	.4582	.4591	.4599	.4608	.4616	.4625	.4633
1.8	.4641	.4649	.4656	.4664	.4671	.4678	.4686	.4693	.4699	.4706
1.9	.4713	.4719	.4726	.4732	.4738	.4744	.4750	.4756	.4761	.4767
2.0	.4772	.4778	.4783	.4788	.4793	.4798	.4803	.4808	.4812	.4817
2.1	.4821	.4826	.4830	.4834	.4838	.4842	.4846	.4805	.4854	.4857
2.2	.4861	.4864	.4868	.4871	.4875	.4878	.4881	.4884	.4887	.4890
2.3	.4893	.4896	.4898	.4901	.4904	.4906	.4909	.4911	.4913	.4916
2.4	.4918	.4920	.4922	.4925	.4927	.4929	.4931	.4932	.4934	.4936
2.5	.4938	.4940	.4941	.4943	.4945	.4946	.4948	.4949	.4951	.4952
2.6	.4953	.4955	.4956	.4957	04959	.4960	.4961	.4962	.4963	.4964
2.7	.4965	.4966	.4967	.4968	.4969	.4970	.4971	.4972	.4973	.4974
2.8	.4974	.4975	.4976	.4977	.4977	.4978	.4979	.4979	.4980	.4981
2.9	.4981	.4982	.4982	.4983	.4984	.4984	.4985	.4985	.4986	.4986
3.0	.4987	.4987	.4987	.4988	.4988	.4989	.4989	.4989	.1990	.4990
3.1	.4990	.4991	.4991	.4991	.4992	.4992	.4992	.4992	.4993	.4993
3.2	.4993	.4993	.4994	.4994	.4994	.4994	.4994	.4995	.4995	.4995
3.3	.4995	.4995	.4995	.4996	.4996	.4996	.4996	.4996	.4996	.4997
3.4	.4997	.4997	.4997	.4997	.4997	.4997	.4997	.4997	.4997	.4998
3.5	.4998	.4998	.4998	.4998	.4998	.4998	.4998	.4998	.4998	.4998
3.6	.4998	.4998	.4999	.4999	.4999	.4999	.4999	.4999	.4999	.4999
3.7	.4999	.4999	.4999	.4999	.4999	.4999	.4999	.4999	.4999	.4999
3.8	.4999	.4999	.4999	.4999	.4999	.4999	.4999	.4999	.4999	.4999
3.9	.5000	.5000	.5000	.5000	.5000	.5000	.5000	.5000	.5000	.5000

附錄 D 互補誤差函數表

表 G.1　Values of Erfc (x) vs. x

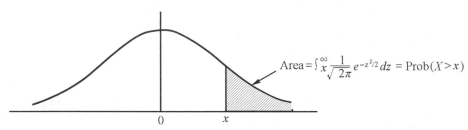

Area $= \int_{x}^{\infty} \dfrac{1}{\sqrt{2\pi}} e^{-z^{2}/2} dz = \text{Prob}(X > x)$

	0.00	0.01	0.02	0.03	0.04	0.05	0.06	0.07	0.08	0.09
0.0	.5000	.4960	.4920	.4880	.4840	.4801	.4761	.4721	.4681	.4641
0.1	.4602	.4562	.4522	.4483	.4443	.4404	.4364	.4325	.4286	.4247
0.2	.4207	.4168	.4129	.4090	.4052	.4013	.3974	.3936	.3897	.3859
0.3	.3821	.3783	.3745	.3707	.3669	.3632	.3594	.3557	.3520	.3483
0.4	.3446	.3409	.3372	.3336	.3300	.3264	.3228	.3192	.3156	.3121
0.5	.3085	.3050	.3015	.2981	.2946	.2912	.2877	.2843	.2810	.2776
0.6	.2743	.2709	.2676	.2643	.2611	.2578	.2546	.2514	.2483	.2451
0.7	.2420	.2389	.2358	.2327	.2296	.2266	.2236	.2206	.2177	.2148
0.8	.2119	.2090	.2061	.2033	.2005	.1977	.1949	.1922	.1894	.1867
0.9	.1841	.1814	.1788	.1762	.1736	.1711	.1685	.1660	.1635	.1611
1.0	.1587	.1562	.1539	.1515	.1492	.1469	.1446	.1423	.1401	.1379
1.1	.1357	.1335	.1314	.1292	.1271	.1251	.1230	.1210	.1190	.1170

表 G.1　Values of Erfc (x) vs. x

	0.00	0.01	0.02	0.03	0.04	0.05	0.06	0.07	0.08	0.09
1.2	.1151	.1131	.1112	.1093	.1075	.1056	.1038	.1020	.1003	.0985
1.3	.0968	.0951	.0934	.0918	.0901	.0885	.0869	.0853	.0838	.0823
1.4	.0808	.0793	.0778	.0764	.0749	.0735	.0721	.0708	.0694	.0681
1.5	.0668	.0655	.0643	.0630	.0618	.0606	.0594	.0582	.0571	.0559
1.6	.0548	.0537	.0526	.0516	.0505	.0495	.0485	.0475	.0465	.0455
1.7	.0446	.0436	.0427	.0418	.0409	.0401	.0392	.0384	.0375	.0367
1.8	.0359	.0351	.0344	.0336	.0329	.0322	.0314	.0307	.0301	.0294
1.9	.0287	.0281	.0274	.0268	.0262	.0256	.0250	.0244	.0239	.0233
2.0	.0228	.0222	.0217	.0212	.0207	.0202	.0197	.0192	.0188	.0183
2.1	.0179	.0174	.0170	.0166	.0162	.0158	.0154	.0150	.0146	.0143
2.2	.0139	.0136	.0132	.0129	.0125	.0122	.0119	.0116	.0113	.0110
2.3	.0107	.0104	.0102	.00990	.00964	.00939	.00914	.00889	.00866	.00842
2.4	.00820	.00798	.00776	.00755	.00734	.00714	.00695	.00676	.00657	.00639
2.5	.00621	.00604	.00587	.00570	.00554	.00539	.00523	.00508	.00494	.00480
2.6	.00466	.00453	.00440	.00427	.00415	.00402	.00391	.00379	.00368	.00357
2.7	.00347	.00336	.00326	.00317	.00307	.00298	.00289	.00280	.00272	.00264
2.8	.00256	.00248	.00240	.00233	.00226	.00219	.00212	.00205	.00199	.00193
2.9	.00187	.00181	.00175	.00169	.00164	.00159	.00154	.00149	.00144	.00139

表 G.2　Values of Erfc (x) for large x

x	$10\log x$	Erfc (x)	x	$10\log x$	Erfc (x)	x	$10\log x$	Erfc (x)
3.00	4.77	1.35E-03	4.00	6.20	3.17E-05	5.00	6.99	2.87E-07
3.05	4.84	1.14E-03	4.05	6.07	2.56E-05	5.05	7.03	2.21E-07
3.10	4.91	9.68E-04	4.10	6.13	2.07E-05	5.10	7.08	1.70E-07
3.15	4.98	8.16E-04	4.15	6.18	1.66E-05	5.15	7.12	1.30E-07
3.20	5.50	6.87E-04	4.20	6.23	1.33E-05	5.20	7.16	9.96E-08
3.25	5.12	5.77E-04	4.25	6.28	1.07E-05	5.25	7.20	7.61E-08
3.30	5.19	4.83E-04	4.30	6.33	8.54E-06	5.30	7.24	5.79E-08
3.35	5.25	4.04E-04	4.35	6.38	6.81E-06	5.35	7.28	4.40E-08
3.40	5.31	3.37E-04	4.40	6.43	5.41E-06	5.40	7.32	3.33E-08
3.45	5.38	2.80E-04	4.45	6.48	4.29E-06	5.45	7.36	2.52E-08
3.50	5.44	2.33E-04	4.50	6.53	3.40E-06	5.50	7.40	1.90E-08
3.55	5.50	1.93E-04	4.55	6.58	2.68E-06	5.55	7.44	1.43E-08
3.60	5.56	1.59E-04	4.60	6.63	2.11E-06	5.60	7.48	1.07E-08
3.65	5.62	1.31E-04	4.65	6.67	1.66E-06	5.65	7.52	8.03E-09
3.70	5.68	1.08E-04	4.70	6.72	1.30E-06	5.70	7.56	6.00E-09
3.75	5.74	8.84E-05	4.75	6.77	1.02E-06	5.75	7.60	4.47E-09
3.80	5.80	7.23E-05	4.80	6.81	7.93E-07	5.80	7.63	3.32E-09
3.85	5.85	5.91E-05	4.85	6.86	6.17E-07	5.85	7.67	2.46E-09
3.90	5.91	4.81E-05	4.90	6.90	4.79E-07	5.90	7.71	1.82E-09
3.95	5.97	3.91E-05	4.95	6.95	3.71E-07	5.95	7.75	1.34E-09

對於平均值爲零及變異數爲 1 的高斯或然率密度函數是

$$p(x) = \frac{1}{\sqrt{2\pi}} e^{-x^2/2}$$

誤差函數 $Erf(x)$ 定義爲

$$Erf(x) = \int_{-\infty}^{x} \frac{1}{\sqrt{2\pi}} e^{-z^2/2} dz$$

互補誤差函數$Erfc(x)$為

$$Erfc(x) = 1 - Erf(x) = \int_x^\infty \frac{1}{\sqrt{2\pi}} e^{-z^2/2} dz$$

用在統計上的誤差函數為

$$erf(x) = \frac{2}{\sqrt{\pi}} \int_0^x e^{-t^2} dt$$

對應的互補誤差函數

$$erfc(x) = 1 - erf(x)$$

兩種誤差函數之間關係式

$$Erf(x) = \frac{1}{2} + \frac{1}{2} erf\left(\frac{x}{\sqrt{2}}\right)$$

$$Erfc(x) = \frac{1}{2} erfC\left(\frac{x}{\sqrt{2}}\right)$$

或

$$erf(x) = 2Erf(\sqrt{2x}) - 1$$

$$erfc(x) = 2ErfC(\sqrt{2x})$$

附錄 E　貝塞爾函數表

第一種類貝塞爾函數 $J_m(\beta)$

x	J_0	J_1	J_2	J_3	J_4	J_5	J_6	J_7	J_8	J_9	J_{10}
0.0	1.00										
.2	.99	.10									
.4	.96	.20	.02								
.6	.91	.29	.04								
.8	.85	.37	.08	.01							
1.0	.77	.44	.11	.02							
.2	.67	.50	.16	.03	$.01^{-}$						
.4	.57	.54	.21	.05	$.01^{-}$						
.6	.46	.57	.26	.07	.01						
.8	.34	.58	.31	.10	.02						
	.22	.58	.35	.13	.03	$.01^{-}$					
.2	.11	.56	.40	.16	.05	.01					
.4	.00	.52	.43	.20	.06	.02					
.6	−.10	.47	.46	.24	.08	.02	$.01^{-}$				
.8	−.19	.41	.48	.27	.11	.03	$.01^{-}$				
3.0	−.26	.34	.49	.31	.13	.04	.01				
.2	−.32	.26	.48	.34	.16	.06	.02				
.4	−.36	.18	.47	.37	.19	.07	.02	$.01^{-}$			
.6	−.39	.10	.44	.40	.22	.09	.03	$.01^{-}$			
.8	−.40	.01	.41	.42	.25	.11	.04	.01			
4.0	−.40	−.07	.36	.43	.28	.13	.05	.02			
.2	−.38	−.14	.31	.43	.31	.16	.06	.02	$.01^{-}$		
.4	−.34	−.20	.25	.43	.34	.18	.08	.03	$.01^{-}$		
.6	−.30	−.26	.18	.42	.36	.21	.09	.03	.01		
.8	−.24	−.30	.12	.40	.38	.23	.11	.04	.01		

(續前表)

x	J_0	J_1	J_2	J_3	J_4	J_5	J_6	J_7	J_8	J_9	J_{10}
5.0	$-.18$	$-.33$	.05	.36	.39	.26	.13	.05	.02	$.01^-$	
.2	$-.11$	$-.34$	$-.02$	.33	.40	.29	.15	.07	.02	$.01^-$	
.4	$-.04$	$-.35$	$-.09$	.28	.40	.31	.18	.08	.03	$.01^-$	
.6	$-.03$	$-.33$	$-.15$	.23	.39	.33	.20	.09	.04	.01	
.8	.09	$-.31$	$-.20$	.17	.38	.35	.22	.11	.05	.02	$.01^-$
6.0	.15	$-.28$	$-.24$	.11	.36	.36	.25	.13	.06	.02	$.01^-$
.2	.20	$-.23$	$-.28$	.05	.33	.37	.27	.15	.07	.03	$.01^-$
.4	.24	$-.18$	$-.30$	$-.01$	.29	.37	.29	.17	.08	.03	.01
.6	.27	$-.12$	$-.31$	$-.06$	.25	.37	.31	.19	.10	.04	.01
.8	.29	$-.07$	$-.31$	$-.12$	.21	.36	.33	.21	.11	.05	.02
7.0	.30	$-.00$	$-.30$	$-.17$	.16	.35	.34	.23	.13	.06	.02
.2	.30	.05	$-.28$	$-.21$	.11	.33	.35	.25	.15	.07	.03
.4	.28	.11	$-.25$	$-.24$	.05	.30	.35	.27	.16	.08	.04
.6	.25	.16	$-.21$	$-.27$	$-.00$	.27	.35	.29	.18	.10	.04
.8	.22	.20	$-.16$	$-.29$	$-.06$	.23	.35	.31	.20	.11	.05
8.0	.17	.23	$-.11$	$-.29$	$-.11$	.19	.34	.32	.22	.13	.06
.2	.12	.26	$-.06$	$-.29$	$-.15$	.14	.32	.33	.24	.14	.07
.4	.07	.27	$-.00$	$-.27$	$-.19$	.09	.30	.34	.26	.16	.08
.6	.01	.27	.05	$-.25$	$-.22$	.04	.27	.34	.28	.18	.10
.8	$-.04$	.26	.10	$-.22$	$-.25$	$-.01$	.24	.34	.29	.20	.11
9.0	-0.9	.25	.14	$-.18$	$-.27$	$-.06$	.20	.33	.31	.21	.12
.2	$-.14$	.22	.18	$-.14$	$-.27$	$-.10$	.16	.31	.31	.23	.14
.4	$-.18$	.18	.22	$-.09$	$-.27$	$-.14$	.12	.30	.32	.25	.16
.6	$-.21$	.14	.24	$-.04$	$-.26$	$-.18$	.08	.27	.32	.27	.17
.8	$-.23$	.09	.25	.01	$-.25$	$-.21$	.03	.25	.32	.28	.19
10.0	$-.25$	.04	.25	.06	$-.22$	$-.23$	$-.01$	.22	.32	.29	.21

附錄 F 常用波形的自相關、頻譜及或然率密度

功能	時間 函數	自相關函數	功率譜密度	或然率密度函數
1.正弦波				
2.方波				
3.長方波 脈波				
4.三角波				
5.鋸齒波				
6.白色高斯 雜訊				
7.限頻白色 高斯雜訊				

附錄 G　sinc (x)表

$$\text{sin}c(x)=\frac{\sin(\pi x)}{\pi x}$$

x	sinc (x)	x	sinc (x)	x	sinc (x)
0.00	1.000	1.35	−0.210	2.65	0.107
0.05	0.996	1.40	−0.216	2.70	0.095
0.10	0.984	1.45	−0.217	2.75	0.082
0.15	0.963			2.80	0.067
0.20	0.935	1.50	−0.212	2.85	0.051
0.25	0.900	1.55	−0.203	2.90	0.034
0.30	0.858	1.60	−0.189	2.95	0.017
0.35	0.810	1.65	−0.172		
0.40	0.757	1.70	−0.151	3.00	0.000
0.45	0.699	1.75	−0.129	3.05	−0.016
		1.80	−0.104	3.10	−0.032
0.50	0.637	1.85	−0.078	3.15	−0.046
0.55	0.572	1.90	−0.052	3.20	−0.058
0.60	0.505	1.95	−02026	3.25	−0.069
0.65	0.436			3.30	−0.078
0.70	0.368	2.00	0.0	3.35	−0.085
0.75	0.300	2.05	0.024	3.40	−0.089
0.80	0.234	2.10	0.047	3.45	−0.091
0.85	0.170	2.15	0.067		
0.90	0.109	2.20	0.085	3.50	−0.091
0.95	0.052	2.25	0.100	3.55	−0.089
		2.30	0.112	3.60	−0.084
1.00	0.000	2.35	0.121	3.65	−0.078
1.05	−0.047	2.40	0.126	3.70	−0.070
1.10	−0.089	2.45	0.128	3.75	−0.060
1.15	−0.126			3.80	−0.049
1.20	−0.156	2.50	0.127	3.85	−0.038
1.25	−0.180	2.55	0.123	3.90	−0.025
1.30	−0.198	2.60	0.116	3.95	−0.013

中英名詞對照表

A

Amplitude density spectrum　振幅密度頻譜

Amplitude spectrum　振幅頻譜

Analog to digital converter (A/D)　類比到數位轉換器

Angle frequence　角頻率

ASK(Amplitude-Shift Keying)　振幅位移鍵

Asynchronous transimission　非同步傳輸

Autocorrelation funtion　自相關函數

Autocovariance fanction　自協變異函數

B

Banlanced modulators (demodulators)　平衡調變器(解調器)

Bandpass filter　通帶濾波器

Bandstop filter　帶阻濾波器

Bandwidth　頻帶寬度

Baseband signals　基帶信號

Basis function　基礎函數

Baye's theorem　貝雅定理

Bessel function　貝塞爾函數

Bit　位，位元

Bluetooth　藍芽

C

Carrier reinsertion　載波再插入

Casual system　因果系統

Channel　頻道，波道

Characteristic function　特性函數

Colored noise　彩色雜訊

Colpitts oscillator　考畢子振盪器

Command intormotion　指令資訊

Commutator　換向器

Convolution　迴旋

Correlation coefficient　相關係數

Correlation detector　相關檢波器

Correlation theorem　相關定理

CPS　每移週數

Cross-correlation　交相關

Cross covariance function　互協變異函數

Cross talk　串話

Cutoff frquency　截止頻率

D

Data conversion　數據轉換

Digital communication system　數位通訊系統

Decision theory　判別理論

Decision variable　判別變數

Decode　解碼器

Deep-Space communication　深太空通信

Delta function　δ函數

Demodulation　解調

Demodulation carrier　解調載波

Demodulation gain　解調增益

Demodulators　解調器

Detector　檢波器

Digital communication　數位通訊

Digital to analog converter (D/A)　數位到類比轉換器

Digits　數位

Distribution function　分佈函數

Dirichelt condition　底律克特條件

Discrete signals　離散信號

Discrete pierce oscillator　分離式π型振盪器

Distortion　失眞

Distortion less transmission　無失眞傳輸

DPSK(Differential Phase-Shift Keying)　微分相位移碼

Duty cycle　工作週期

E

Electromagnetic spectram　電磁頻譜

Encoding　編碼

Energy-density spectram　能量密度譜

Equivalent noise bandwidth　等效雜訊頻寬

Error function　誤差函數

Error probability　誤差或然律

Event　事件

F

Fading　衰褪

Filter　濾波器

Fourier Coefficients　傅利葉(傅氏)係數

Fourier Integral(series, transform)　傅氏積分(級數，轉換)

Frequency　頻率

Frequency constant　頻率常數

Frequency deviation, peak　最大頻率偏移

FSK(Frequency-Shift Keying)　頻率位移鍵

G

Gaussian area function　高斯面積函數

GPS(Globe Position System)　泛歐行動通訊系統

H

Heterodyne spectrum analyzer　外差頻譜分析器

Hibert transform　希伯特轉換

Hibert "transformmer"　希伯特轉換器

Histogram　條形圖

Hypothesistest　假想測試

I

Ideal filfer　理想濾波器

Impulse function　脈衝函數

Impulse noise　脈衝雜訊

Insertion loss　介入損入

Instantaneous frequency　瞬時頻率

Instantaneous phase　瞬時相位

Integrate-and-dump filter　積分且傾出濾波器

Integral-square value　積分平方值

Integrated circuit pierce oscillator　積體電路π型振盪器

Intermediate frequency (IF)　中頻

Intermodulation distortion　內調變失真

Intersymbol interference　內符號(信號)干擾

L

Laplace transform　拉普拉斯(拉氏)轉換

Likelihood ratio　仿真率

Linear dependent　線性相依

Linear system　線性系統

Low-deviation FM　低偏移調頻

M

M-ary detector　M 列檢波器

Matohed filfer　匹配濾波器

Mathematic expectation　數學期望值

Mean-square value

Mixer　混波器

Mod-2(modulo-two) addition　mod-2相法

Modulation coefficient　調變係數

Modulation gain　調變增益

Modulation index　調變指數

Modulator　調變器

Moment　動差

Multiplexing　多工數

Multipliers　乘法器

Multiword block　多字元組區塊

N

Norrowband FM(Noise, PM)　窄頻調頻(頻訊，調相)

Nolinear system　非線性系統

Nyquist rate　尼奎士速率

O

One-shot multivibrator　單擊多穩態諧振器

On-off keying　開關鍵

Oscillation　振盪

Over modulation　過調制

P

Paley-Weiner criterion　派利-維納判別法

Parallel resonant circuit　並聯共振電路

Parseval's theorem　帕雪凡定理

PCM(Pulse Code Modulation)　PCM(脈碼調變)

PCS(Personal Communicatim System)　個人通訊系統

Phase constant　相位常數

Phase density spectrum　相位密度表

Phase deviation, peak　最大相位偏移

Phasor diagram　相量圖

Phase-locked loop　相位鎖定迴路

PN (Pseudo-Noise)　PN(偽雜訊)

Power　功率

Power-bandwidth trade-off　功率對頻寬之取捨

Power density spectrum　功率密度函數

Pre-emphasis　預強調

Probability　或然率

Probability density function　或然率密度函數

PSK (Phase-Shift Keying)　相位移鍵

Palse function (signals)　脈波函數(信號)

Q

Quality factor Q　品質因素Q

Quantization　量化

Quantization error　量化誤差

R

Random　隨機

Random experiment　隨機實驗

Random process　隨機過程

Random variable　隨機變數

Rectangular-wave carrier　矩形波載波

Relative frequency　相對頻率

Resistor networks　電阻網路

Response　響應

Rise time　上升時間

S

Sample function　取樣(抽樣)函數

Sample mean　取樣主值

Sample point (space)　取樣點(空間)

Single-pole double-throw　單極雙擲

Snychronization　同步化

T

Telemetry　遙測

Telecommunicaton　電信

Threshold　臨界

Time delay　時間延遲

Time varying network　時變網路

Transform　轉換

U

Uniform sampling theorem　均勻取樣
定理

Unit-impulse response　單位脈衝響應

UMTS(Universal Mobile Telecanmuni-
cation System)　全球行動電信系統

V

Variance　變異數

W

Waveform sampling　波形取樣

Weiner-Khintchine theorem　維納-京
強定理

Weiner optimum filter　維納最佳濾波
器

White noise　白雜訊

Wideband FM　寬頻調頻

WLAN　無線區域網路

Z

Zero-crossing detoctor　交於零檢波器

Sampling theory　取樣理論

Signal classifications　信號分類

Signal Spectrum relationships　信號頻
譜關係式

Signum function　sgn 函數

SNR (Signal-to-Noise Ratio)　信號對
雜訊比

Spectrum　頻譜

Standard deviation　標準偏差

Statistical independence　統計獨立

Statistical regularity　統計規則

Step function　階梯函數

Subcarrier　副載波

Superheterodyne receiver　超外差接收
機

Superposition integral　重疊積分

歡迎加入 全華會員

● 會員獨享
會員享購書折扣、紅利積點、生日禮金、不定期優惠活動…等。

● 如何加入會員
掃 QRcode 或填妥讀者回函卡直接傳真 (02) 2262-0900 或寄回，將由專人協助登入會員資料，待收到 E-MAIL 通知後即可成為會員。

如何購買 全華書籍

1. 網路購書
全華網路書店「http://www.opentech.com.tw」，加入會員購書更便利，並享有紅利積點回饋等各式優惠。

2. 實體門市
歡迎至全華門市（新北市土城區忠義路21號）或各大書局選購。

3. 來電訂購
(1) 訂購專線：(02) 2262-5666 轉 321-324
(2) 傳真專線：(02) 6637-3696
(3) 郵局劃撥（帳號：0100836-1 戶名：全華圖書股份有限公司）
※ 購書未滿 990 元者，酌收運費 80 元。

OpenTech.com.tw 全華網路書店

全華圖書 www.chwa.com.tw
全華網路書店 www.opentech.com.tw
E-mail: service@chwa.com.tw

※ 本會員制如有變更則以最新修訂制度為準，造成不便請見諒。

勘　誤　表

書號		書名		作者
頁數	行數	錯誤或不當之詞句		建議修改之詞句

我有話要說：（其它之批評與建議，如封面、編排、內容、印刷品質等⋯）